江苏省粮食机械化实践与展望

◎ 曹光乔　张文毅　陈　聪　等著

中国农业科学技术出版社

图书在版编目（CIP）数据

江苏省粮食机械化实践与展望 / 曹光乔等著．—北京：中国农业科学技术出版社，2020.5

ISBN 978-7-5116-4564-7

Ⅰ.①江… Ⅱ.①曹… Ⅲ.①粮食作物-机械化生产-经验-江苏 Ⅳ.①S233

中国版本图书馆 CIP 数据核字（2019）第 285354 号

责任编辑 姚 欢
责任校对 马广洋

出 版 者 中国农业科学技术出版社
北京市中关村南大街 12 号 邮编：100081
电　　话 (010)82106630(编辑室) (010)82109702(发行部)
(010)82109709(读者服务部)
传　　真 (010)82106636
网　　址 http://www.castp.cn
经 销 者 各地新华书店
印 刷 者 北京建宏印刷有限公司
开　　本 710mm×1 000mm 1/16
印　　张 9.25
字　　数 200 千字
版　　次 2020 年 5 月第 1 版 2020 年 5 月第 1 次印刷
定　　价 68.00 元

前　言

粮食生产全程机械化是实施乡村振兴战略、推进农业供给侧结构性改革、转变农业发展方式的重要抓手，也是质量兴农、绿色兴农、效益兴农的重要举措。江苏省作为全国首批粮食生产全程机械化整体推进示范省，省委省政府高度重视并大力支持创建工作，取得了良好成效。通过示范创建，全省各地涌现出一批具有典型代表性的粮食生产全程机械化装备技术、推进模式等经验做法，产生了良好的经济和社会效益。

为了更好总结经验和科学评价，进一步推动江苏省粮食生产全程机械化工作，我们撰写了《江苏省粮食机械化实践与展望》一书。本书主要从以下 3 个方面开展研究：一是总结示范创建典型经验模式，分区域、分作物、分环节总结全省粮食生产全程机械化过程中的典型经验，提炼整理形成一批可复制、可推广的创建模式、生产模式和管理模式；二是构建全程机械化装备与技术体系，总结粮食生产全程机械化装备与技术路线，构建全省粮食生产全程机械化装备与技术体系，用于指导农业生产；三是分析经济、社会和生态效益，深入开展了粮食生产机械化经济、社会和生态效益分析研究，从综合效益角度探索了全省粮食产业提质增效的发展路径。本书既是对全省粮食生产机械化综合成效的全面总结，也将为推动我国全程全面机械化贡献“江苏智慧”。

本书文字深入浅出，易懂易学，既能满足农机服务业从业人员与粮食生产者的需求，也可为农机管理推广人员及粮食机械化技术研究工作者提供参考。

由于编者水平有限，书中不足之处在所难免，敬请广大读者朋友批评指正。

著　者

2019 年 12 月

目 录

第一章　粮食生产机械化发展历程

本章首先从水稻机插秧、小麦机械化、玉米机械化、植保机械化、粮食烘干机械化、秸秆综合利用和农机社会服务、合作组织培育、稻麦跨区机收等方面梳理了粮食生产机械化的发展历程；其次，提炼出机械化对保障粮食生产能力、增加农民收入、改善生态环境、促进农村人口转移等方面的历史作用；最后，介绍了江苏省粮食生产全程机械化整省推进工程的实践情况，总结出示范县在项目推进中涌现出可借鉴的经验、做法、政策、模式。

一、粮食生产关键环节机械化历程

江苏省既是经济大省，也是农业大省，农业机械化水平处于全国领先地位。江苏省主要粮食作物包括水稻、小麦和玉米，机械化的重点环节包括耕整地、种植、植保、收获、烘干和秸秆处理等。从20世纪50年代开始，全省农机部门通力协作，在水稻机插秧、稻麦跨区机收、小麦机械化、玉米机械化、植保机械化、粮食烘干机械化、秸秆综合利用和农机社会服务等方面取得了重大突破[1]，部分领域引领了全国农机化发展，保障了江苏粮食稳产增产，助推了农村劳动力转移，带动了农民持续增收，促进了粮食绿色生产。

（一）水稻机插秧

江苏省是我国水稻机插秧技术应用最早和发展较快的省份，经历了探索-突破-辐射三个阶段。1959年，原中国农业科学院南京农业机械化研究（现农业农村部南京农业机械化研究所）成功研制了世界第一台水稻插秧机“南-105（65）”，经过多年优化改进，1967年定型为“东风2S”机动插秧机，于1978年获全国科学大会奖。1979年，无锡县率先从日本引进成套机插秧设备，开始探索工厂化育秧，在该县东亭镇农机化试验站开展示范应用，机插秧技术推广范围涵盖了东亭镇4个村（共6 438亩*水田），该试点项目中的“400亩稻麦机械化高产栽培工艺”，于1981年2月通过部级鉴定。1986年4月，江苏省农机局从日本引进联合收割机41台，机动插秧机15台，分布在苏州、无锡、常州等地进行生产适应性试验。2000年12月，江苏省农机局牵头，成立我国第一个高性能插秧机的中外合资制造企业——江苏东洋插秧机有限公司，在全省进行大面积示范推广，并从2001年开始不断向外省辐射。2006年6月，常州市武进区水稻种植实现机械化，成为全国水稻机械化生产第一县（区）。2007年7月，江阴市、金坛市水稻机插率分别达到80.4%和84.3%，种植机械化水平分别达到90.5%和96.3%，继常州市武进区之后，成为全国率先实现水稻生产机械化的县（市）。2008年的7月，常州、无锡2个省辖市及宜兴、锡山、溧阳、张家港、如东、江都6个县（市、区）基本实现水稻种植机械化。2009年7月，苏州市及常熟、吴江和如皋3县（市）基本实现了以机插秧为主的水稻种植机械化。2010—2018年，水稻机插秧技术的进一步发展，江苏省形成了“麦秸秆还田集成水稻机插秧技术”“水稻机插育秧技术”等技术标准，在此基础上总结出了“水稻生产全程机械化”技术体系。同时，涌现出江苏常发农业装备股份有限公司、苏州久富农业机械有限公司、江苏沃得农业机械有限公司、泰州樱田农机制造有限公司等一批拥有自主知识产权、自主品牌的手扶式和高速乘坐式水稻插秧机的生产企业。至2018年，全省水稻插秧机保有量达15.4万台，其中高速插秧机保有量超4.3万台，水稻机插面积超2 400万亩，机插率稳定在75%左右，位居全国前列。

（二）小麦机械化

小麦是江苏省率先实现全程机械化的粮食作物，1985年以来，江苏省农机局、江苏省农林厅连续5年召开小麦生产新技术、新机具作业现场会，到1990年，全省累计推广少（免）耕条播机48 400台，开沟机50 519台，割晒机26 520台。20世纪50年代，我国开始研发与拖拉机配套的背负式联合收割机，产品技术成熟于80年代中期，至90年代末江苏省推广量达到3万多台。1997年，江苏沃得农业机械有限公司等厂家以“新疆-2”为原型，生产自走轮式稻麦联合收割机，成为跨区作业主要机型。1997年，洋马农机（中国）有限公司在无锡市成立。1998年，久保田农业机械（苏州）有限公司在苏州

* 1亩≈667米^2，15亩=1公顷，全书同

成立，生产稻麦联合收割机。2000 年以后，全省开始大面积推广稻麦联合收割机。2015 年，全省小麦机耕、机播、机收面积分别达到 2 398. 34 千公顷、2 148. 19 千公顷、2 427. 46 千公顷，基本实现了小麦全程机械化。2015 年，农业部决定在全国开展主要农作物生产全程机械化推进行动，江苏省作为全国粮食生产全程机械化整体推进示范省，于 2016 年正式全面启动粮食生产全程机械化整省推进工程。2018 年，小麦综合机械化率超过 95%。

（三）玉米机械化

20 世纪 70 年代中期，江苏从山东引进以拖拉机为动力的 4Y 系列背负式玉米收获机，早期背负式玉米收获机摘穗辊部件设计不完善，玉米收获作业适应性较差，推广数量不多。2000 年，江苏省农机推广站引进了山东 4YW-2 型玉米联合收获机械进行试验示范；2000—2002 年，东台市农机研究所和南通农业机械总厂研制了双行玉米联合收获机，并在全省布点试验示范推广，带动了苏北地区玉米收获机械化的发展。2012 年，江苏省成立玉米生产机械化技术专家组，开展玉米机械化技术指导与试验示范。2014 年，全省 15 个县（市、区）基本实现玉米生产机械化。2015 年，全省玉米机耕、机播、机收面积分别达到 398. 87 千公顷、320. 17 千公顷、303. 18 千公顷。2018 年底，全省玉米精量免耕播种机保有量约为 28 491 台，玉米联合收获机保有量约为 14 260 台，全省玉米机播、机收率分别达 90. 9%、84. 2%，玉米平均单产约 510 千克/亩，玉米生产主要环节基本实现了机械化。

（四）植保机械化

2000 年以来，江苏省开始示范推广先进适用、高效可靠的植保机具，江苏省农机推广站承担了植保机械引进试验和开发项目，2000—2002 年，首批省农业 3 项工程“新型高性能植保机械引进试验和开发”项目启动实施，在引进日本、韩国等国外样机技术基础上，经过测试与研制，开发了 3WD、3WX 系列机动喷雾机，3WKY 系列高效宽幅远射程机动喷雾机和 3WA-16 型安全高效手动喷雾器等产品，在江苏田间试验推广后，又辐射到上海、浙江等地区，部分产品远销东南亚。自高性能植保机械引入江苏以来，经过不断创新与优化设计，取得较多重大突破。2010 年，农用超低空轻型直升机及低量施药装备开始进入作业市场，作业效率提高 10 倍以上，农药有效利用率 35%以上，节省农药使用量 20%以上。2011 年 4 月，徐州农用航空站建成并投入使用，标志着江苏省农用航空事业正式起步。截至2015年，江苏机动喷雾机保有量超过67万台，位居全国第二。2017年，江苏省在海安县召开全省粮食生产全程机械化推进行动——高效植保和水稻机械化育插秧现场观摩会，作业现场演示了高速插秧侧深施肥施药一体机、遥控自走式高地隙植保机、植保机械等新产品。2019年，由埃森农机与农业农村部南京农业机械化研究所、江苏省植物保护植物检疫站、江苏省农机具开发应用中心和省农业机械工业协会等5家单位共同发起成立的江苏省植保装备创新中心在常州启动建设。

（五）粮食烘干机械化

20世纪90年代，随着稻麦联合收获技术的快速发展，谷物烘干机械化也开始起步。1990年代中期，江苏省引进日本金子烘干机和中国台湾三久烘干机等成熟机型进行试验示范。2001年9月，全省最大的粮食产地烘干试点项目在洪泽县启动建设，该项目计划总投资305.9万元，推广低温谷物烘干机械13台，精米加工机4台。2002年开始，江苏省自主研发了5HXG型循环式谷物干燥机，通过了省级鉴定。2004年，5HXG型干燥机开始小批量生产，并销往全国各地。2015年，全省谷物烘干机保有量达11 181台。近几年，秸秆综合利用技术快速发展，部分烘干机生产厂家开始清洁热源技术改造，使用稻壳、秸秆等为生物质燃料，部分替代油、煤等化石燃料，降低烘干成本。全省经过两年多粮食生产全程机械化示范创建，各地大力发展烘干机械，产地烘干能力大幅提升，2018年，全省新增粮食烘干机超过1 200台（套），总数超过2.3万台，总吨位超过38万吨，产地烘干能力达到54%。

（六）秸秆综合利用

秸秆机械化还田是国家“九五”期间重点推广的农业工程技术，1998年，江苏省农业机械技术推广站和武进协昌橡塑机械厂，在旋耕机的基础上研制出1GM-160型和1GM-175型等多种型号的反旋灭茬机，提高了秸秆粉碎还田效果，通过省级鉴定并投入批量生产，在全省推广应用。2001年，江苏省研制出1BMQ-230型水田埋草起浆整地机，通过省级鉴定并在全省推广。2006年，秸秆机械化还田机械和秸秆收集机械均被列入农机购置补贴范围。2007年，随着国家及各级政府对秸秆综合利用高度重视，秸秆成型技术开始在江苏省推广，部分企业开始研制农作物秸秆致密成型设备。2009年，江苏省农机部门将农作物秸秆致密成型设备列入了江苏省支持推广的农业机械产品目录，并给予财政购机补贴。2008 年，全省加大了秸秆机械化还田及秸秆综合利用技术推广力度，启动了秸秆还田和综合利用作业补贴。除秸秆机械化还田以外，全省各地农机部门还积极推广秸秆捡拾打捆机、秸秆压块机等机具，促进秸秆综合利用。2009 年，江苏省人大通过《江苏省人民代表大会常务委员会关于促进农作物秸秆综合利用的决定》，这也是我国省级首部禁止农作物秸秆焚烧和促进综合利用的地方性法规。2015 年，江苏省机械化秸秆还田面积达到 3 536 千公顷，秸秆捡拾打捆面积 225 千公顷。2017 年，江苏省秸秆综合利用率达到 92%。2018 年省级财政投入 9.6 亿元，对秸秆利用实行按量补助，并发布了 30 项秸秆利用技术。太仓市东林村秸秆独创增值利用型现代农牧循环发展模式，以秸秆饲料化增值利用为核心环节，按照构建“稻麦生产、秸秆收集制饲料、秸秆饲料养殖肉羊、羊粪制肥、有机肥还田”的物质循环闭链的技术思路。

二、农机社会化服务发展历程

（一）农机社会服务

1983 年，中共中央印发《当前农村经济政策的若干问题》（简称 1983 年中央 1 号文件），在政策上允许农民私人拥有农业机械。同年，江苏省放开了对农民购买拖拉机和经营运输业的限制。1983 年中央 1 号文件中，“社会化服务”的概念首次被提出后，1984 年，经省政府批准，由省农机管理局印发的《关于积极扶持、促进农机专业户发展的意见》，进一步鼓励、支持农机专业户加快发展，到 1992 年底，全省农机专业户达到 9.50 万个。2000 年以后，各级农机部门适应农村改革和农机化发展的新形势，建立多种形式的农机服务体系。农机作业服务内容由初期仅从事单项作业，向订单式、“一条龙”和“保姆式”综合服务发展，涵盖了农作物耕种管收的全过程，并且扩大到秸秆机械化还田、河道清淤等新领域。2006 年，江苏省出台了《关于推进“四有”农机服务合作组织发展的意见》，积极开展“四有”农机服务组织创建活动，加大农机服务组织和大户扶持力度；同年 4 月，江苏省农业机械服务协会正式成立，标志着农机社会化服务进入了新的发展阶段。2012 年 7 月全国农民专业合作社经验交流会上，江苏省 30 家农民专业合作社成功入选首批全国农民专业合作社示范社，其中，如东县马塘镇富民农机服务专业合作社和宝应县惠农机插秧专业合作被评为五星级农机示范合作社；同年9月，农业部在溧阳市召开了全国农机合作社建设经验交流会，充分肯定了江苏省农机合作社建设经验和取得成效。2008—2015年，农机作业服务组织数从6 844个增加到10 552个，增长了54.18%；从业人数从67 414人增加到589 553人，是2008年的8.75倍；农机作业服务组织规模从平均不足10人，上升到56人，规模扩大近5倍，农机合作社作业面积占农机作业总面积的40%以上。“十三五”期间组织开展省级示范社创建，2016—2018年连续3年省级农机合作社示范创建工作被列为省政府十大主要任务百项重点工作内容之一。目前，江苏省已创建国家级农机合作社示范社35家，省级农机合作社示范社410家，为合作社规范化建设发挥了示范带动作用。

（二）合作组织培育

2006年初，江苏省农机局印发了《关于推进“四有”农机服务合作组织发展的意见》，为农机服务合作组织创造了良好的发展条件。2007年，苏州市参加跨区作业服务的联合收割机达到1 850多台次左右，作业服务收入达到8 362.5万元。据2007年底统计，苏州共有农机专业协会8个，农机合作社近60个，农机作业服务专业户达到200户以上，其中拥有2台以上动力机械、固定资产在30万元以上、年作业收入超过10万元的农机大户超过20户。自2005年苏州市出台扶持政策以来，2005—2007年市、县、镇三级政府用于扶持农机作业组织发展的资金达2 000万元。2011年5月10日，江苏省农机局发布了《江苏省农机专业合作社规范建设指南（试行）》（苏农机管〔2011〕15号）。2012年7月3日，江苏省30家农民专业合作社成功入选全国农民专业合作。截至2014年6月底，全省农机合作社总数达到4 864个，占全国农机合作社总数约13%；入社成员44.7万人，其中农机户入社数量近32万人，占比达70%；合作社资产总值94亿元，机具总数48万多台套，农机合作社作业面积占农机作业总面积的40%以上。2015年，全省农机合作社总数达到7544个，占全国农机合作社总数约13%；入社成员52万人，机构数与从业人数均为全国第一。

（三）跨区作业服务

江苏农业机械跨区作业始于1996年，跨区作业的联合收割机2 700台，到1998年，全省跨区作业的稻麦联合收割机达5 169台，在全国率先取得突破并形成规模。2000年，全省共组织跨区机收水稻作业队1 135个，联合收割机11 658台，机收水稻面积753万亩，跨区机收水稻作业收入首次超过了跨区机收小麦。2001年，全省跨区机收水稻面积超过机收小麦面积，实现跨区机收水稻面积和作业收入均超过跨区机收小麦。2005年夏秋两季，全省农机服务联合体3 000多个，联系农机作业市场，提供机具维修、配件供应、生活安排、矛盾协调等服务，全省跨区作业的联合收割机达6.4万台，作业收入超过20亿元。2006年江苏省下发《关于进一步促进农业机械化发展的意见》，其中规定：普通收费公路对农民个人和服务组织从事农机跨区作业的联合收割机、插秧机及运输联合收割机、插秧机的车辆，免收通行费。农机跨区作业实现了跨越式发展，跨区作业规模不断扩大，组织化程度不断提高，效益也越来越显著。2008年常州市农机服务组织发展到50个，拥有各类农机具2 114台套。2010年6月13日，农业部肯定江苏省农业机械化总体水平走在全国前列，在跨区作业、水稻机插秧、秸秆机械化还田等方面做了开创性的工作，为全国农机化发展积累了经验。2015年，江苏跨区机收水稻面积688.13千公顷，位居全国第二。近年来，全省积极做好农机跨区作业证免费发放工作，坚决杜绝搭车收费、变相收费等不规范行为；引导参加跨区作业的机手合理选择机具转运车辆，避免超高超宽超长运输。扬州市在2019年“三夏”期间，共组建农机跨区作业队234个，3 187台联合收割机、833台大中型拖拉机、342台乘坐式插秧机参加跨区机插作业，跨区作业总面积473.3万亩，跨区作业总收入2.77亿元。

三、粮食机械化的历史作用

江苏省农业生产方式实现了人畜力为主向机械作业为主的历史性跨越，农业机械成为农业生产主力军。农业机械化的快速发展，在很大程度上缓解了青壮年务农劳力短缺对粮食生产带来的不利影响，有效提高了土地产出率、资源利用率、劳动生产率，增强了农业综合生产能力、抗风险能力、市场竞争力，在保障粮食安全和粮食产能方面发挥了重要的装备支撑作用。农业机械替换出来的农村劳动力，为江苏省工业生产提供了产业工人、为城镇化提供了新市民，从整体上推动江苏省的工业化、城镇化进程，为江苏省经济发展做出重要贡献。

（一）保障粮食生产能力

2004年中央1号文件的发布及《中华人民共和国农业机械化促进法》的颁布实施，为农业机械化事业的全面、协调、可持续发展提供了强有力的政策支持和法律保障。农机购置补贴作为“两减免三补贴”政策中的一项重要措施，开始在全国范围实施。自此，江苏农业机械化水平的提升走上快车道，农机总动力呈现加速上升的态势，为粮食生产保驾护航。2018年，江苏省农机总动力达到5 017.71万千瓦，约为1978年的5.86倍，全省机耕、机播、机收面积分别为6 204.10千公顷、4 587.03千公顷、5 097.01千公顷。从近10年数据看，虽然江苏农村劳动力持续转移，但是粮食生产态势保持稳定，粮食播种面积和粮食产量持续上升。表1-1显示[2]，1978—2018年，主要粮食作物的播种面积从4519.01千公顷上升到5 134.5千公顷，增长了13.62%，粮食总产量从2 610.02万吨上升到3 660.30万吨，上升了40.24%；其中，小麦总产量从687.7万吨上升到1 289.10万吨，水稻总产量从1 673.16万吨上升到1 958.00万吨，分别增长了87.45%和17.02%。随着农机装备水平的提高，逐步实现对传统农业的现代化改造，实现粮食生产要素的优化配置，有效保证粮食的高产稳产。

表1-1　1978—2018年江苏省主要粮食播种面积

年份	主粮播种面积（千公顷）	小麦播种面积（千公顷）	水稻播种面积（千公顷）	玉米播种面积（千公顷）
1978	4 519.01	1 412.82	2 661.18	445.01
1980	4 581.83	1 519.47	2 676.15	386.21
1985	5 261.12	2 170.39	2 431.11	659.62
1989	5 274.36	2 353.54	2 419.67	501.15
1990	5 314.64	2 399.19	2 454.44	461.01
1991	5 142.77	2 364.93	2 351.40	426.44
1992	5 234.64	2 366.23	2 447.27	421.14
1993	5 032.47	2 281.66	2 278.44	472.37
1994	4 741.57	2 114.26	2 168.36	458.95
1995	4 862.64	2 150.35	2 250.31	461.98
1996	5 020.00	2 216.26	2 335.91	467.83

（续表）

年份	主粮播种面积（千公顷）	小麦播种面积（千公顷）	水稻播种面积（千公顷）	玉米播种面积（千公顷）
1997	5 157.99	2 341.37	2 377.62	439.00
1998	5 158.14	2 314.95	2 369.70	473.49
1999	5 104.46	2 251.70	2 398.45	454.31
2000	4 581.22	1 954.60	2 203.46	423.16
2001	4 152.87	1 712.81	2 010.25	429.81
2002	4 134.43	1 715.85	1 982.05	436.53
2003	3 913.28	1 620.45	1 840.93	451.90
2004	4 103.18	1 601.17	2 112.90	389.11
2005	4 264.01	1 684.44	2 209.33	370.24
2006	4 506.84	1 912.67	2 216.00	378.17
2007	4 658.40	2 039.12	2 228.07	391.21
2008	4 704.18	2 073.12	2 232.55	398.51
2009	4 710.69	2 077.61	2 233.24	399.84
2010	4 730.93	2 093.07	2 234.16	403.70
2011	4 775.38	2 112.41	2 248.63	414.34
2012	4 805.68	2 132.56	2 254.22	418.90
2013	4 838.98	2 146.93	2 265.67	426.38
2014	4 867.73	2 159.94	2 271.69	436.10
2015	4 922.10	2 178.83	2 291.59	451.68
2016	5 233.30	2 436.80	2 256.30	540.20
2017	5 193.70	2 412.80	2 237.70	543.20
2018	5 134.50	2 404.00	2 214.70	515.80

（二）促进农民节本增收

农业机械替代人力劳动之后，农业生产向节约劳动型技术转换，提高农民收入。2002—2018 年，农民家庭年人均纯收入从 3 979.8 元提高到 20 845.1 元，收入为 2002 年的 5.2 倍，其中，农民年人均家庭经营收入性收入从 1 781.4 元，提高到 5 619.4 元，提高了 2.15 倍；工资性收入从 2 054.9 元提高到 10 221.6 元，提高了 4 倍，达到同期城镇居民的收入增长速度（表 1-2）。由数据分析可知，农业机械化水平的提高，缓解了农村劳动短缺问题，提高了劳动生产效率，保障了粮食的稳产与增产，促进农业增收。农业机械的投入，加快了农村劳动力向二、三产业转移的进程，提高了农民的工资性收入，进而提高农村居民的家庭总收入。

表 1-2　2002—2017 年农村居民家庭收入

年份	年人均纯收入（元）	年人均家庭经营收入（元）	年人均转移性纯收入（元）	年人均工资性收入（元）
2002	3 979. 8	1 781. 4	143. 5	2 054. 9
2003	4 239. 3	1 794. 3	161. 6	2 283. 4
2004	4 753. 9	2 018. 5	181. 7	2 553. 7
2005	5 276. 3	2 125. 0	214. 8	2 936. 5
2006	5 813. 2	2 271. 4	258. 6	3 283. 2
2007	6 561. 0	2 566. 4	324. 8	3 669. 8
2008	7 356. 5	2 812. 0	395. 5	4 149. 0
2009	8 003. 5	2 938. 7	500. 7	4 564. 1
2010	9 118. 2	3 215. 0	607. 9	5 295. 3
2011	10 805. 0	3 490. 3	931. 4	6 383. 3
2012	12 202. 0	3 873. 9	1 093. 7	7 234. 4
2013	13 521. 3	4 538. 4	2 488. 5	6 358. 4
2014	14 958. 4	5 030. 5	2 285. 6	7 170. 3
2015	16 256. 7	5 045. 6	2 651. 0	8 014. 9
2016	17 605. 6	5 283. 1	2 984. 8	8 731. 7
2017	19 158. 0	5 619. 4	3 345. 3	9 513. 0
2018	20 845. 1	6 016. 6	3 839. 3	10 221. 6

随着农机化水平的提高，农机户的收入水平也显著上升。2008—2018 年间，农机年服务收入总额从 1 600 092. 87 万元提高到 3 123 730. 71 万元（图 1-1），总服务收入提高了 95. 22%；户年均农机服务收入总额从 11 507 元提高到 28 063 元，提高了 143. 88%[3]（表 1-3）。

表 1-3　2008—2013 年农机户收入情况

年份	农机户数量（个）	农机服务收入（万元）	增长率（%）
2008	1 390 529	1 600 092. 87	—
2009	1 388 005	1 720 772. 29	7. 54

（续表）

年份	农机户数量（个）	农机服务收入（万元）	增长率（%）
2010	1 401 998	1 847 670. 00	7. 37
2011	1 378 395	1 902 894. 62	2. 99
2012	1 192 405	2 038 964. 80	7. 15
2013	1 256 619	2 160 867. 78	5. 98
2014	1 180 183	2 783 868. 55	—
2015	1 172 974	2 899 100. 41	4. 14
2016	1 174 369	3 036 816. 23	4. 75
2017	1 158 423	3 218 006. 93	5. 97
2018	1 113 098	3 123 730. 71	-2. 93

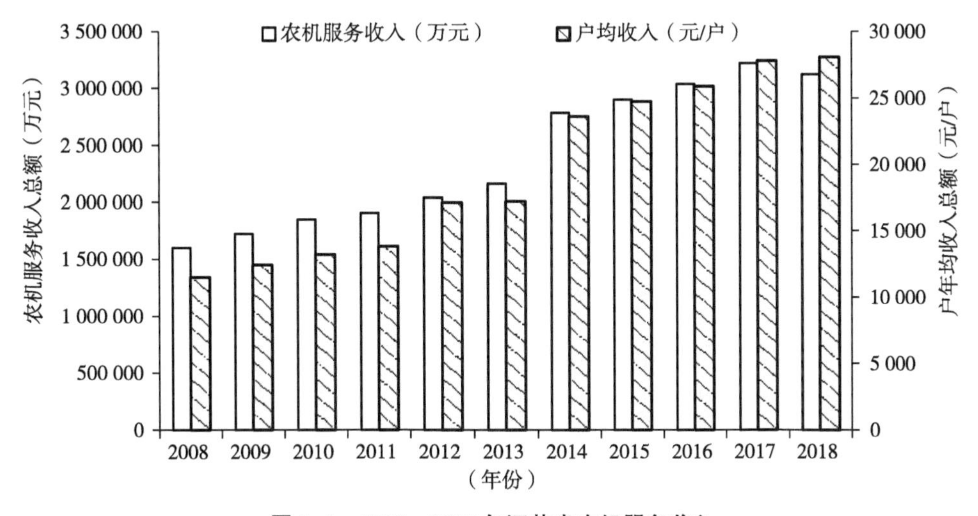

图 1-1　2008—2018 年江苏省农机服务收入

（三）保护农业生态环境

2004—2009 年，江苏省化肥施用量一直保持较快增长，2009 年达到峰值 344 万吨。2010 年以后，随着田间管理机械化的发展，化肥深施、匀施等施肥技术得以应用，可有效提高化肥利用效率，化肥施用量呈现下降趋势。2017 年，化肥施用量已经降至 303 万吨，年平均降幅为 1. 2%（图 1-2）。2004—

2017 年，江苏省农药施用量在 2005 年达到 103. 3 万吨之后，自 2006 年以来，江苏省农药施用量连续下降，降至 7. 31 万吨，年均下降 2. 75%（图 1-3）。化肥、农药的减量化和零增长，既缓解了化肥、农药源性的农业面源污染，也减少了二氧化碳的排放，减轻温室效应。

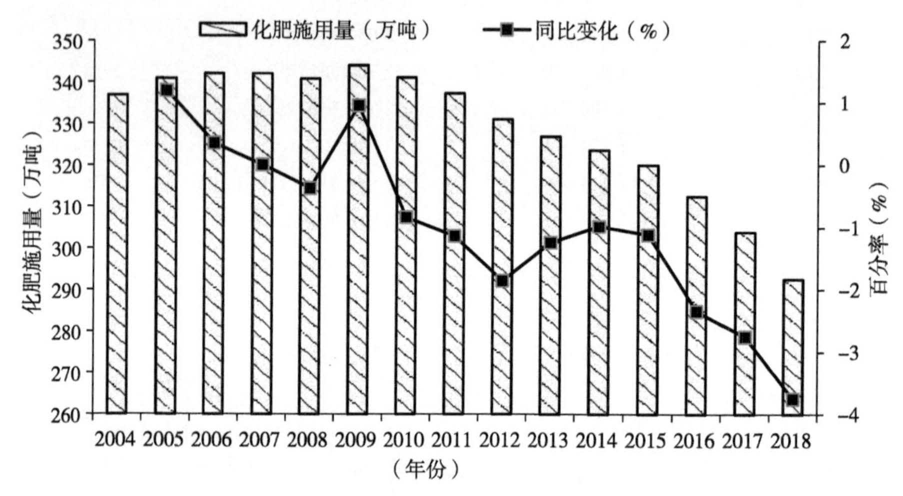

图 1-2　2004 年以来江苏化肥施用量变化情况

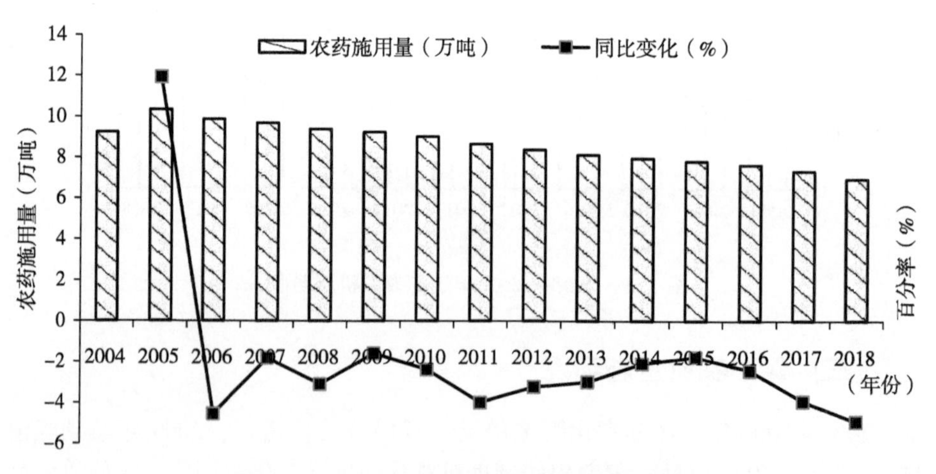

图 1-3　2004 年以来江苏农药施用量变化情况

农业机械化生产有力地推进了秸秆机械化还田。从 2008—2018 年，秸秆机械化还田量从 1 086 222 公顷提高到 3 794 040 公顷（表 1-4），10 年间秸秆机械化还田面积增长 2.49 倍。秸秆还田杜绝了秸秆焚烧造成的大气污染，同时还有增肥增产作用。秸秆中含有大量的新鲜有机物料，直接还田后，经过一段时间的腐解作用，可以转化成有机质和速效养分，既可改善土壤理化性状，也可供应一定的钾等养分，有效增加土壤有机质，改良土壤结构，使土壤疏松，孔隙度增加，容量减轻，促进微生物活力和作物根系的发育，增肥增产作用显著，可增产 5%~10%。

表 1-4　2008—2018 年秸秆机械化还田情况

年份	秸秆机械化还田量（公顷）
2008	1 086 222.00
2009	1 569 121.00
2010	1 861 119.00
2011	2 131 040.00
2012	2 460 755.22
2013	2 708 413.90
2014	3 298 308.72
2015	3 536 350.00
2016	3 780 890.00
2017	3 771 070.00
2018	3 794 040.00

（四）推动农村劳动力转移

由表 1-5 可知，2005—2018 年间，江苏省的城镇化率从 50.5%提高到 69.61%，上升了 19.11%。其中，2010 年，城镇化率提高了 4.97 个百分点。2005—2018 同样是江苏农业机械化快速发展的 13 年，从主要依靠人畜力作业转变为基本实现农业机械化。农业机械化的发展，极大地提高了农业生产效率，如拖拉机耕作效率是畜力的 50 倍以上，联合收割机作业效率是人工作业的 100 倍以上，无人飞防效率是背负式喷雾器的 1 000 倍以上。农村劳动力从繁重的农业劳动中得到解放，有了更多的时间来从事其他生产或离开农村进入城镇工作。当城镇工作的回报率高于农业生产回报率时，增强了农村劳动力留在城镇工作的意愿或定居城市，推动二、三产业快速发展和城市繁荣。

表 1-5　2005—2018 年江苏省城镇化率

年份	城镇化率（%）	年均增长率（%）
2005	50.50	—
2006	51.89	1.39
2007	53.20	1.31
2008	54.30	1.10
2009	55.61	1.31
2010	60.58	4.97
2011	61.89	1.31
2012	63.01	1.12
2013	64.11	1.10
2014	65.21	1.10
2015	66.52	1.31
2016	67.70	1.18
2017	68.80	1.10
2018	69.61	0.79

四、江苏粮食生产全程机械化整省推进工程

2015 年，农业部决定在全国开展主要农作物生产全程机械化推进行动，江苏省被列为全国粮食生产全程机械化整体推进示范省，按照“政府引导、装备支撑、技术引领、服务保障、协同推进”的指导原则，以水稻、小麦、玉米三大作物为主要对象，以耕整地、种植、植保、收获、烘干、秸秆处理为重点环节，全面提升粮食生产全程机械化水平，切实增强粮食综合生产能力和市场竞争力。

（一）整省推进工程项目背景

1. 促进粮食机械化转型升级的需要

江苏省水稻、小麦、玉米三大粮食作物生产的耕整地、种植、植保、收获、烘干、秸秆处理六大环节机械化水平发展不均衡。主要表现：耕整地和收获环节的机械化水平明显高于种植、植保、烘干和秸秆处理环节的机械化水

平，水稻机插秧、小麦精量播种、玉米机收、高效精准植保、粮食产地烘干、秸秆机械化还田等薄弱环节机械化水平的短板效应明显。其中，耕整地环节由于大功率拖拉机普及应用，造成水田犁底层（泥脚）加深，影响插秧机、高地隙植保机械和收获机械等水田作业机械的行驶通过和高效作业；水稻种植环节轻简型直播稻与移栽稻并存发展，需要引导直播水稻由无序向有序、由粗放向精量方向发展，解决直播稻的“田难平、草难除、苗难全、产难稳”等问题；收获环节易因连续阴雨天气使稻田浸水湿烂，导致收割机下陷打滑，难以下田。干燥环节人工晾晒及晒场难以应付短期内集中收获的干燥需求，且易因连续阴雨天气造成减产。

2. 破解劳动力要素制约的需要

农业劳动力老龄化，“谁来种地”的问题日益突出。随着农村劳动力大量向非农产业转移，农业兼业化、农村空心化、农民老龄化的问题日趋严重，农业从业人员不断减少。目前，江苏省农业从业人员由 2000 年的 1 480. 22 万人下降到 2018 年的 708. 03 万人（图 1-4），降幅达 52. 2%。与此同时，江苏农村劳动力结构性短缺情况逐步凸显，农村大量农民（尤其是青壮年）进城打工，农民工中 40 岁以下的占 60%，平均年龄 37 岁，在家务农的劳动力平均年龄超过 55 岁。

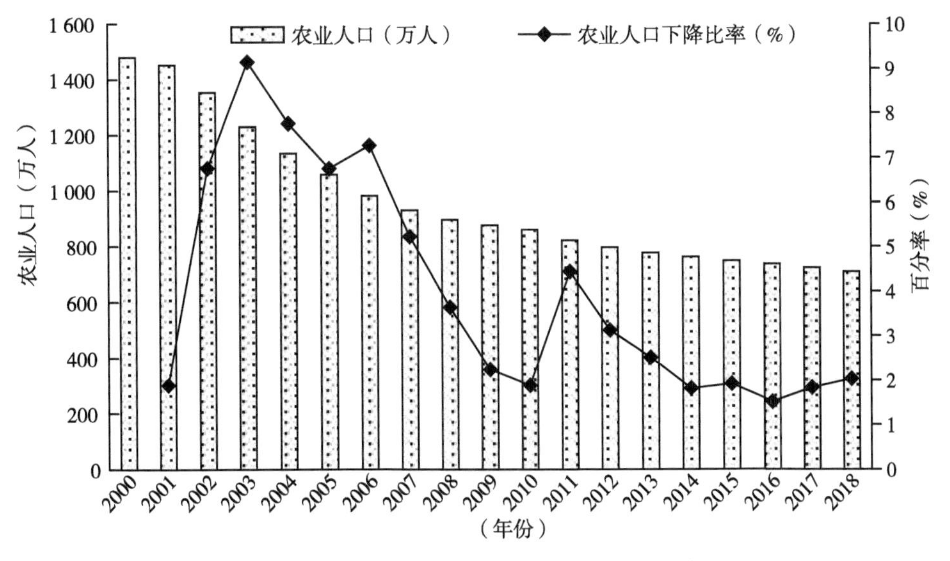

图 1-4　2000—2018 年江苏省农业人口变化情况

3. 提升产业综合竞争力的需要

2004年以来，国家陆续出台扶持农业发展的政策措施，但农业生产成本上涨、效益下降的局面没有发生根本改变，且日益显现高成本特征。农资价格、土地租金、人工成本等生产要素都持续上涨，特别是人工成本上涨迅速，一些农户特别是种粮大户难以承受。从种植收入看，比较效益偏低并呈下降趋势。多数区域一亩粮食的纯收益只有二三百元，有的甚至只有一百多元，粮食生产效益连年快速下降，极大影响农民的生产积极性。建议通过推动粮食生产全程机械化，推广先进的农机农艺技术，提高生产效率、节约生产成本、保证粮食品质、拉长产业链，从而增强粮食生产综合竞争力。

4. 改善农业农村生态环境的需要

农业生产中，化肥农药施用量大、有效利用率低，农业面源污染情况远比发达国家严重。2015年，江苏化肥使用量为690千克/公顷，农药使用量为16.5千克/公顷，超过发达国家安全施用量上限的2倍多。同时，农用塑料薄膜使用量也快速增长，达11.32万吨。如何妥善处理好农业生产、农民增收与环境治理、生态修复的关系？必须借助精准施肥技术、高效植保手段，推广水肥一体化、机械深施等施肥模式，集成应用全程农药减量增效技术，推动秸秆机械化还田和综合利用技术。江苏农机装备结构存在高端产品有效供给不足，低端产品产能过剩，能耗高、污染大的产品多，资源节约型、环境友好型农机产品少等问题。例如，产地烘干设备，仍然以燃煤烘干为主，能耗高、排放高；植保施药装备大部分背负式、手动式机械，操作人员缺乏有效防护，安全性差，“跑、冒、滴、漏”问题没有根本上解决。

5. 探索率先实现农业现代化道路的需要

2015年8月，农业部制定了《农业部关于开展主要农作物生产全程机械化推进行动的意见》（农机发〔2015〕1号），提出在全国开展九大主要农作物六大环节生产全程机械化推进行动，这为江苏发展粮食生产全程机械化指明了方向。江苏农业机械化发展走在全国前列，在全国引领了水稻机插秧、水稻跨区机收、小麦全程机械化、高效植保等关键机械化技术推广，创建了一批可复制、好推广的发展经验模式，涌现出一批全程机械化基础良好的区县，粮食生产机械化水平处于全国先进水平，具备率先实现农业现代化的良好基础，能够探索出中国特色农业现代化道路，为我国全面实现农业现代化提供有益的经验参考。

（二）实践情况

江苏省粮食机械化整省推进工程实施以来，省级专项资金共投入4.44亿元用于创建整体推进。各级政府健全组织机构，做好项目顶层设计，制定扶持政策，加强部门协作，完善考核机制；各示范县不断创新推进模式，优化装备结构，强化技术培训，加大宣传力度，壮大新型主体，不断完善全程机械化生产技术模式，推进项目顺利实施，确保创建成效。

1. 项目组织管理高效规范

（1）健全组织机构，做好项目顶层设计。江苏省各级政府高度重视粮食生产全程机械化整体推进示范区创建工作，建立了“省-市-县”三级联动机制，江苏省组织成立了省粮食生产全程机械化工作领导小组和由中国工程院院士张洪程领衔的省级粮食生产全程机械化技术指导专家组，专家组下设“种植和植保机械化”“耕作和秸秆处理机械化”“收获和烘干机械化”等3个技术组，负责开展粮食生产全程机械化整体推进的决策咨询、技术指导、培训交流、验收考核等工作。示范县全部成立了政府领导任组长，农机、农业、财政等有关部门负责人为成员的工作领导小组和技术专家指导小组。所辖大部分乡镇也成立了相应领导机构，将粮食生产全程机械化示范创建纳入农业、农村工作考核，持续加大行政推动力度。金坛区政府与各镇（街道）签订了创建工作目标考核责任状，强力推进本项工作；江都区推行区级专家包镇、镇级指导员包户的“两包干”机制，对重点农户实行作业前、作业中、作业后全程跟踪指导。

（2）制定配套扶持政策，投入力度持续加大。无锡、苏州、南通、镇江、宿迁等地出台《关于加快推进粮食生产全程机械化的意见》，徐州市出台《关于加快推进全市粮食生产全程机械化的实施意见》，常州市出台《关于推进全市粮食生产全程机械化的意见》，南京市浦口区出台《关于加快推进粮食生产全程机械化的实施意见》，示范县制定《粮食生产全程机械化整体推进示范县建设方案》，根据作物布局、土壤结构、水利资源条件和主推技术应用情况等，因地制宜制订了各地区水稻、小麦、玉米等粮食作物全程机械化技术路线。江阴市制定《2017年江阴市各镇街粮食生产全程机械化重点指标目标任务分解表》，进一步分解落实各镇（街道）的目标任务，并签订责任状。示范县创建以来，全省农机化投入资金约12.2亿元，其中省财政补助资金4.44亿元，实施以奖代补，按照县域粮食播种面积划分5档，分别安排奖补资金400

万元、600万元、800万元、1 000万元、1200万元，鼓励市县级、乡镇配套资金，由县（市、区）政府统筹使用。为规范资金管理使用，浦口区、张家港市等地制定了《2016—2017年率先实现粮油生产全程机械化以奖代补实施意见》等文件。从2017年起，项目资金纳入省级财政预算统筹安排，实行专项管理，对示范县省补资金进行专项审计。

（3）强化部门协作，工作合力逐步形成。江苏省围绕粮食生产全程机械化的关键环节，各部门协作组织实施各项扶持政策和推进措施。江苏省农机局联合江苏省财政厅出台支持粮食生产全程机械化示范县建设有关政策，积极安排专项资金，为加快推进粮食生产全程机械化提供资金保障。农机农艺部门协同开展机械化集成技术研究，金坛区集成了微喷灌溉的机插水稻规模化育秧技术、麦秸秆机械化还田集成机插秧技术、稻秸秆机械化还田集成小麦机播种等关键技术；如皋市为破解用地、用电难题，市国土部门出台《关于农业生产项目中的配套粮食烘干中心用地备案的通知》，供电部门出台《关于实行粮食烘干中心优惠用电扶持政策的意见》，开辟了粮食烘干中心建设的绿色通道。

（4）规范过程管理，考核机制不断健全。示范县创建项目从申报、立项、管理、考核验收都制定了相应文件，严格履行程序。项目申报方面，江苏省农机局、江苏省财政厅联合印发《关于组织申报省粮食生产全程机械化整体推进示范县建设的通知》，申报工作有序开展。项目立项方面，组织专家对全省粮食生产全程机械化整体推进示范县建设竞争性立项进行评审。项目验收考核方面，制定了项目督查制度，对示范县进行中期检查，对检查的具体情况、存在的问题和整改建议进行反馈。建立了“省对市县、市县对镇（街道）”逐级考核制度，江苏省率先出台《粮食生产全程机械化市、县（市、区）考核评价办法（试行）》：明确了考核对象、考核内容和评价标准，加强项目实施指导、中期检查和资金管理；突出了对主要农作物全程机械化的考核，规定玉米种植面积占三大粮食作物种植总面积低于5%的不纳入考核范围，三大粮食作物种植总面积在13.3千公顷以下的县（市、区）及乡镇考核工作参照执行；明确了高效植保机械装备和配备标准；拓展了小麦机械化条播、宽幅带状播种、机械化撒播和复式机械化播种等机械化种植方式。各县市积极探索考核评价机制，沛县、如皋等示范县制定了《粮食生产全程机械化示范镇创建考核评级办法》，以镇（街道、场）为单位进行绩效考核。张家港市建立了“目标分解、动态监控、责任倒查”的督查考评机制。丹阳市选聘第三方机构对各镇（区、街道）创建工作进行全程跟踪和评价考核，确保各镇（区、街道）

创建成效。

2. 示范县创建典型经验与主要成效

（1）推进模式不断创新。各个示范县结合粮食生产特点，以农机服务组织为抓手，规范实施农机服务体系扶持项目，引导新型主体增强服务能力，助推规模经营。帮扶农机大户、合作社等新型经营主体争取省、市、区奖补等，形成了一批全程机械化作业服务能力较强的农机服务组织。经过两年多时间的创建，通过行政推动、补齐短板、机艺融合等综合举措，推进模式不断探索和创新，为全省乃至全国提供粮食生产全程机械化推进模式示范与经验。

一是首创示范“乡镇整体推进”新模式。在推进粮食生产全程机械化的过程中，扬州市以行政推动为主导，以乡镇创建为具体抓手，采取梯次推进的方式，由小到大、由易到难，同时做好创建成果的巩固提升，保持高水平发展。构建了以“政府强势促进”为引领，以“社会化服务、规模化经营、专业化指导、精细化管理”为支撑，具有鲜明特色的“1+4”全程机械化整体推进模式，形成一批多元化发展主体、一批高质量示范基地、一批高水平核心乡镇。

二是“家庭农场联合体模式”走在全国前列。2017 年国家制定《关于促进农业产业化联合体发展的指导意见》，要求积极培育发展一批带农作用突出、综合竞争力强、稳定可持续发展的农业产业化联合体。宿迁市 2014 年就已经在全市范围开展了家庭农场联合体建设，根据各乡镇的生产条件，科学引导，合理布局建设家庭农场集群，政策上给优惠、资金上给扶持，使得每个集群中心的农机化服务功能覆盖生产全过程，除了常规的耕、种、管、收机械，各农机服务中心都增添了高效植保机、烘干机等设备，增强了承接“托管式”全程机械化服务的能力，为服务区域内的粮食生产全程机械化提供了有力保障。

三是“综合服务中心模式”打造农机综合服务新平台。少数地方对机库等农机配套设施建设，缺少统一规划引导，随意性较大，造成土地资源浪费。2017 年起，泰兴市通过省级项目引导和市乡两级财政扶持，统筹规划建设一批集机库、配件库、油库和维修间、烘干加工间于一体的村级农机综合服务中心，为农民提供土地流转、育秧、机插、植保、收割、烘干以及农机具存放、安全技术培训等系列服务。每个服务中心补助规模近 100 万元，服务覆盖面积约 5 000 亩，充分发挥了为小农户与现代农业之间搭建有效平台的作用。

四是“扶贫+农机化模式”助力精准扶贫。在推进粮食生产全程机械化的过程中，灌南县积极创新思路，利用扶贫专项资金主攻粮食生产全程机械化薄弱环节，对接经济薄弱村集体经济增收，实施示范县建设粮食烘干中心建设项目，为精准扶贫提供了优质建设项目，增加了村集体经济收入，促进农民群众增产增收，也促进了示范县建设，实现一举多赢。

（2）装备结构不断优化。项目实施以来，全省农机装备数量持续增加，农机装备结构显著优化，逐步实现农机装备由低档次向高性能、由单项作业装备向多功能复式作业装备转变，由产中向产前、产后延伸，由主要环节向全程机械化推进。据统计，全省新增粮食生产相关机具 5 000 余台套，新增大中型拖拉机及配套耕整机械 7 856 台套，高速插秧机 1 820 台，自走式高地隙植保机 359 台，植保无人机 15 台，联合收割机 2 480 台，粮食烘干机 780 台。江阴市小麦条播机拥有量由 2014 年 7 台增加到 2017 年 101 台，粮食烘干机台数和总吨位增速显著，年均增长率 65. 5%。昆山市高地隙植保机 2013 年尚为空白，2018 年拥有 35 台。沛县产地机械化烘干水平 2015 年为 27. 3%，2017 年提高至 82. 7%，增幅达 55. 4%。常熟、张家港等市建立了北斗农机管理信息化工作平台，安装了信息采集监控装置，监测机具作业及在位情况。

（3）技术培训不断强化。通过示范区创建，全面构建了适宜江苏的水稻—小麦、小麦—玉米、玉米—油菜、水稻—油菜连作机械化技术体系，重点突破了粮食生产机械化种植、高效植保、产地烘干、秸秆机械化处理等薄弱环节制约瓶颈，推广水稻自动化育秧、复式作业、精准施肥、粮食低温烘干等新型机械化技术装备。全省不同地区共制定了“周年生产全程械化技术方案”15 套，形成了具有当地特色的粮食生产全程机械化生产模式。围绕推进粮食生产全程机械化，针对水稻机插秧、高效植保机械、机务管理等新技术，多次组织召开现场演示会，组织了全省粮食生产全程机械化专家技术巡诊活动，全省粮食生产全程机械化技术培训班 28 期，省粮食生产全程机械化专家组全程跟踪，在粮食三秋抢收、灾害抢种时期给予了科学指导。示范县定期开展技术技能培训班，共开展小麦复式播种、高效植保机械、烘干机械培训近 3 万人次，发放《农技推广》《周年机械化生产模式》《技术路线》等宣传资料和技术手册 40 万份。

（4）宣传力度不断加大。在省级粮食生产全程机械化整体推进示范县的带动下，创建市县也分别组织粮食生产全程机械化示范乡（镇）、村组和示范片建设。示范县创建以来，全省共召开粮食生产全程机械化现场会 3 000 余次，各级媒体宣传报道 5 000 多次，印发宣传资料 50 万余份，农业农村部对江苏省粮食生产全程机械化示范创建工作进行了专题宣传报道。全省通过“新华网”“江苏省农业机械化信息网”等公共信息网络平台，报道江苏省粮食生产全程机械化推进行动的政策文件、重要会议、典型案例及技术培训活动等；示范县充分利用电视、广播、报纸、网络等新闻媒体，通过机具现场演示、参观学习、典型事例经验引导等宣传方式，让农民认识到先进机具的高效作用，营造粮食生产机械化的舆论氛围。灌南县搭建网络服务平台，将县乡镇村干部、农机合作社负责人、家庭农场主、拖拉机手等近 7 000 人及灌南区域内移动号码段纳入平台，广泛宣传惠民扶持政策，并组织农机直惠下乡、农机赶集等活动，促进新技术新装备推广应用。

（5）新型经营主体不断壮大。通过示范区创建，省财政设立“奖补资金”，带动了示范县新型农机经营主体数量和规模不断增大。示范县新型农机经营服务主体快速增长，新型农机经营主体粮食生产机具增量占全省增量的93%以上。江都区以推进“两创一建”为抓手，即争创农机示范合作社、示范大户，建设农机社会化服务示范体，培育省级农机示范社 33 个（列全省第二），50 万元以上农机大户 189 个（列全市首位），专业化、社会化服务占比达 86. 8%。新型农机经营服务组织已成为全省推进粮食生产全程机械化的主要载体，亭湖区目前拥有各类农机经营服务主体 166 个，全程机械化作业服务覆盖面积达 157 万亩，与示范区创建前相比，创建后农机统一作业面积由 55%增长至 86%，规模经营种植面积由 35%增长至 55%。

3. 机械化技术模式创新与应用

水稻—小麦（油菜）、小麦—玉米周年生产是江苏省农作物主要生产模式，各地在推进全程机械化过程中，不断完善全程机械化生产技术模式，制定了不同区域、不同县域、不同作物、不同环节的粮食作物全程机械化技术和机具配套方案。省级粮食生产全程机械化示范县总结公布了 30 个适合当地以水稻、小麦、玉米等粮食作物为主的全程机械化生产模式，内容包括适用范围、区域特征、技术规范及机具配备、典型案例等，为同类地区提供了可复制可推广的成功经验。

（1）在稻麦秸秆机械化全量还田技术方面。江苏省重点推广大功率拖拉机和配套机械，扩大机械粉碎还田、旋耕灭茬的面积，满足农艺要求，提升还田效果，总结形成了“秸秆切碎匀抛、夏季旋耕、秋季间隔犁翻、增施氮肥的周年秸秆全量还田”技术模式，解决了在秸秆全量还田复杂条件下高质量耕整地的难题。具体包括：夏季“旱耕水整”“秸秆粉碎旱耕水整”“水耕水整”3种秸秆还田机械化耕整田技术模式；秋季“犁翻旋耕”“旋耕还田”两种秸秆还田机械化耕整田技术模式。

（2）在水稻机械化育插秧技术方面。江苏省主推水稻毯状秧苗机插技术，选择适宜地区开展钵苗机插等机械化种植技术试验，加快示范推广机插水稻集中育供秧，加大机械化育秧播种流水线推广力度，形成了流水线播种秧池铺盘育秧、流水线播种旱地铺盘微喷灌育秧、自走式育秧播种摆盘育秧3种技术模式，其中微喷灌溉塑盘育秧是常州市金坛区在水稻机械化生产实践中发明的新农艺，达国内领先水平，全省多地应用推广。这项新农艺节省了秧池占用的农田面积和构筑成本，利用硬化场地和路面摆盘，不用无纺布覆盖，铺设塑料微喷管带，成本低，工效高，人工管护简便。

（3）在小麦播种机械化方面。江苏省主推小麦机条播技术，根据小麦品种、播期、秸秆还田方式、土壤条件及配套农艺技术的差异，合理选择作业模式和配套机具，加强稻秸秆机械化还田与小麦机条播技术的集成应用，加快小麦种植复式作业机械推广步伐，形成了“稻茬田复式机播”“犁翻旋耕+复式机播”“旋耕灭茬+复式机播”3种技术模式。针对秋收秋种时节偏遭连阴雨、冬麦机播难以下田作业的难题，总结形成多种应变模式：一是先开沟降渍，用离心式撒肥机在稻茬田上撒种撒肥，后用旋耕灭茬机作业；二是在水稻收割前2~3天，将麦种、肥料套播套撒在稻田里，然后收割水稻，尽量缩短共生时间，再行浅旋耕和开沟；三是将旋耕埋茬施肥播种镇压开沟复式机的排种管和镇压辊卸除，改条播为撒播。

（4）在粮食烘干机械化方面。江苏省积极鼓励农机合作组织和种田大户采用机械化烘干技术，提高粮食烘干能力，重点推广节能、环保型的低温循环式烘干机，发展先进适用烘干技术，加快建立机械化烘干示范基地，按照“500亩左右粮田配一台烘干机”的要求，在产地合理规划配置烘干装备，逐步提高粮食干燥处理机械化水平。

（执笔人：陈聪　张进龙　王祎娜　唐学玉）

第二章　粮食生产全程机械化装备配备与优化

本章对农业机械化装备选型与优化方法进行文献综述，从土地规模与经济成本变化的角度，综合考量机具作业配套人工成本、机具折旧成本和油耗成本等因素，给出一种简单易行的适度规模条件下农机装备选型方法，并以江苏地区水稻规模化种植为例，进行实证分析。同时，针对拖拉机、插秧机、联合收割机等几种主要农机装备遴选出部分适用机型。

一、农机装备选型与优化原则方法

随着我国农机总动力和农机具种类的不断增加，如何合理有效地配备农机具从事农业生产，提高生产效益成为农业现代化进程中的重要难题[4]。农业生产效益由成本和收入决定，生产成本包含生产过程中需要的种子、化肥、农药、劳动力和农业机械等要素，其中农业机械起着关键性作用，从耕作到收获，农业机械参与全部作业过程。在发达国家，农业机械的作业成本占生产成本的50%[5]，在我国机械化水平较高的农场或合作社，农业机械作业成本占生产成本的30%~50%[6]。国内外相关研究发现，农机优化配备水平的高低显著影响着农业生产的效率与效益。因此，研究农业机械配备与优化方法具有重要的现实意义。

（一）农业机械优化配备原则

农业机械优化配备的最终目的是在按时按量完成农业生产任务的同时，最大幅度提高机械作业效率，同时降低生产成本。为满足以上两个目标，首先应对作业目标的生产任务进行全面调查分析，然后计算出完成生产任务应配备的农业机械型号和数量，最后从中选择最优的农业机械配备方案。在以往研究中，如何确定最优方案主要遵循作业成本最小、生产效益最大和动力配置最小等原则。

1. 作业成本最小

在生产任务和其他条件基本相同的情况下，将农业机械年固定费用和可变成本（油料、劳动力、维修费、种子和农药等）作为机器作业的总成本，单位面积所需投入的机械成本最小，这是普通农机户或投资者在进行农机优化配备时最先考虑的因素。相关文献[7-13]都以作业成本最低为原则，建立计算机模型或理论计算，实现农业机械优化配备。在实际运用时，一般将适时性损失纳入成本计算，忽略作物轮作方式和机组选择的相互影响，也没有考虑拖拉机与机具配套的合理性，因而操作简单，但精确性不足。2005 年，Alfredo de Toro 在瑞士通过研究农场面积、驾驶员数量、机器功率和地理位置等因素的变化与适时性损失的关系，以此求得由机器成本、劳动力成本和适时性损失构成的总作业成本最小。研究结果表明，由于耕地面积和天气影响，年度的适时性损失为非线性变化，难以预测；在机器配备过程中，应选择功率较大的机器，以降低适时性损失的风险[14]。

2. 生产效益最大

效益最大化是以生产效益为目标函数，对农业机械系统进行优化配备，优化结果以定量化的利润显示，因而可以直接指导用户进行决策。1993 年，Haffar 和 Ramzi Khoury 运用 Fortran 77 编程语言，开发了多作物种植系统的农业机械优化配备的计算机模型 MSMC，该模型通过输入农场尺寸和作物种植模式，经计算机的智能决策分析，为用户输出最优配备组合，包括机器型号，数量和尺寸[15]。其他文献[16-17]也是以同样的原则进行配备。

3. 动力配置最小

该原则是从生产过程中能量消耗最少目的出发，是系统工程思想的延伸和发展。从理论角度分析，动力消耗问题一般是先根据经验确定某种作业单位幅宽或单位产量所需动力数，然后确定需要配置的总的动力大小，但在实际应用过程中，能量的消耗难以测算，主观经验存在差异，所以误差较大，不能满足用户的实际需求，仅适合科研实验。Kishor M. Butani 和 Gajendra Singh 在 1994 年开发出了决策支持系统，该系统通过建立移动式作业和固定式作业的能量消耗方程，经过计算机技术优化，选出最优的动力配置[18]。类似研究还有 1984 年 Shaukat Khan 等以能量消耗原则，建立计算机模型对某一农场优化配置指定拖拉机型号[19]。

（二）几种典型的农业机械配备方法

农业机械优化配备早期研究主要以经验法为主，随着农机化水平的不断提高，农机保有量的不断增加，经验法无法适应现代农业生产要求。经过众多专家学者的不断完善和创新，农机优化配备发展至今，出现了如能量法、线性规划法、机器-时间系统法和计算机模拟技术等十几种方法，方法核心是以专家经验法、作业量法和线性规划法为基础，其他方法均由此三种方法演变形成。

1. 专家经验法

专家经验法主要用于农业机械选型，由于选型过程中部分指标不易直接量化，构建数学模型难度较大，因此要借助专家经验实现优化选型。专家经验的可靠性决定了优化结果的有效性。1993 年韩正晟利用层次分析法结合专家经验确定农机选型指标权重，选出局部区域内的最佳作业机型[20]。随着网络技术和通讯行业的飞速发展，专家经验法实现了用户和专家面对面的交流沟通。2011 年，Mehta C. R. 等基于 Visual Basic 语言开发出了一个专家决策支持系统，由五大部分组成：操作界面、智能决策系统、基础数据库、数据输出模块和专家在线咨询模块。该系统操作简单，由人工智能和专家在线双重决策，决策结果可靠性较高，但在线专家系统没有完善的管理措施，在线回复率不够稳定[21]。我国高红伟等于 2011 年以智能系统 PAID4. 0 为平台，开发出了稻麦收获机械选型的决策支持系统。

2. 作业量法

作业量法又称为生产率法，这是使用最早而且现在仍被广泛借鉴的一种农业机械优化配备方法。它根据全年作业高峰期的工作量来配备所需动力机械的型号和数量，只要达到高峰期工作量对动力机械的要求，其他作业阶段的要求也就可以满足。作业量法能够长期应用于生产实践中，主要原因在于它不需要高深的专业基础知识和复杂计算，而优化结果既能满足生产要求，又能在一定程度上实现经济优化的目的。在实际操作过程中，它不考虑适时性损失影响。作业量法根据约束条件的不同，又可细分为机组生产率法、能量法和时间约束法[22]。

（1）机组生产率法。机组生产率法是根据作业项目和作业面积，结合当地劳动力情况、经济条件和机械作业质量等因素，确定各项作业项目的日程表，以此选择合适机型进行合理配套。在实际操作中，先根据地块的具体情况计算机组生产率[23]，再根据作业量确定拖拉机的动力配置。文献[24]利用机组生产率法确定拖拉机的优化配备。

（2）能量法。能量法最早出现于20世纪90年代欧美国家，根据能量平衡原理，通过作业时需要消耗的能量来计算所需拖拉机的总功率，忽略机组配套，因而计算过程简便，但能量的计算存在较大的误差，因而该方法比较适用于大范围内的整体规划，不易作具体优化配备。

（3）时间约束法。时间约束法是在确定作业量，适宜作业时间和各型号机器在规定时间内完成给定生产任务前提下，计算所需配备的机器数量，优缺点同能量法。该方法目前主要用于一些精确配套方法的验证。

3. 线性规划法

线性规划法是运筹学的一个分支，主要用于解决资源优化配备和生产合理组织问题，是目前应用最多也最成熟的农业机械优化配备方法。在实际应用时可根据不同的优化目标，以机器的作业量、作业时间、机器和机具的配备量为约束建立线性方程。1988年，Kline和Bender首次将线性规划应用于农业机器优化配备[25]。Witney在1988年开始测试农业生产模型的效率，主要测试的影响因素包括工作环境、噪声、动力输出和操作事故控制等[26]。随着农业机械化的快速发展，农业生产的经营管理者对优化目标的要求越来越精确，线性规划法在农机优化配备上得到快速发展。到目前为止，以线性规划法为基础进行改进而形成的优化配备方法有五六种之多，主要包括非线性规划法、整数线性规划法、混合整数线形规划法、机器-时间系统法和最小年度费用法等。1988年，周应朝和高焕文通过非线性规划法对华北平原地区一年两熟耕作制度的作业期限进行优化，并将运算时间缩短到了使用范围内[27]。文献[28]从最小成本角度出发选择合理的动力机械配置，以水稻、黄麻和小麦三种作物的种植面积、轮作方式、田间作业次序、作物产量、产值和机器价格为变量进行优化，优化结果表明，动力机械配置水平随着种植面积和轮作方式的变化而产生显著变化。

20世纪90年代，随着电子信息行业的飞速发展，国内外专家开始尝试将计算机技术和线性规划法相结合，并开发出了多种专家决策支持系统软件。2003年，Sogaad以非线性规划法为核心，利用计算机语言开发出了GAMS农机优化配备模型，通过计算机输入农场规模、田块大小和种植模式，并考虑适时性损失，由计算机运算后输出所需配备的拖拉机动力和数量[29]。2009年，蒋万祥和胡德民在线性规划法基础上，利用计算机语言VB6.0，以年度费用最小为优化目标开发出了相似的优化模型。与此同时，相应的计算软件也开始在优化配备中得以广泛应用[30]。

二、适度规模条件下农机装备选型方法

（一）研究思路

随着农业机械化的快速深入发展，农业机械种类不断增多，同一类机械的品牌、机型也越来越多样化。因此，研究适度规模情况下的农机选型问题，不仅有利于促进成本最小化，更有利于农业机械的优化提升。

从已有文献总体来看，农机选型方法考虑的因素主要为机械的技术性和经济性，但反映经济性的指标在已有文献中又考虑得不够充分，如机械的油耗成本和人工成本；反映机械技术性的指标较难量化，从而往往依靠专家打分，主观性较强。因此，主要考虑机械使用的经济性，研究建立一套较为客观的、便捷的农机选型方法。

经济效益方面考虑一定土地经营规模情况下的农机选型问题，可以从社会的角度进行研究，也可以从使用者或经营者的角度来进行研究。农机使用者（用机户）的经济效益主要是使用农机所带来的基本增效，而农机经营者（有机户）的经济效益主要是农机作业利润效益。单独从其中任何一个角度来考量都不尽科学合理，因此有学者将农机使用者和农机经营者结合起来进行研究[31]。但农机使用者和经营者很多时候为一体，这种情况下某些经济指标较难统计，因此本研究从社会的角度来进行研究。由于农业产出“效益”很难归结为是应用某种机械的结果，因此用“经济成本”这一指标来衡量某种（或某套）农业机械的优劣。

（二）研究方法

考虑到数据资料的可获得性，“经济成本”拟包含三个方面：劳动力成本、农业机械年折旧成本和油耗成本。具体评价方法及步骤如下。

1. 设定假设条件

为便于研究，需给出一些假设条件。假定：

①土地经营规模在一定范围内；②同类机械作业质量无差异；③机械使用寿命相同，并且在此期间，各机型维护维修费用不存在明显差异；④每个劳动

力每天作业时间相同，且劳动无差异；⑤所有农业机械消耗的燃油均为柴油。

2. 搜集基础信息

列出作物种植生产过程中可使用不同机具进行作业的环节；采集这些环节使用机械类型、作业效率、机械价格、单位面积油耗、涉及工种及各工种所需人数、各工种价格、该项作业可作业天数等基础信息。

3. 计算经济成本

通过计算出一定的经营规模下，各环节不同机型作业情况下最佳作业天数、所需的机械数量、人工数量、人工成本、机械年折旧成本、油耗成本等数据，从而计算出经济总成本，即“人工成本+机械年折旧成本+油耗成本”。关键数据计算公式如下。

（1）机械可下地作业天数

$$T_{mw} = CEILING(\delta T_w,\ 1) \tag{1}$$

式中：$CEILING\ (x,\ 1)$ 为向上取整函数，即若 $x>z$（z 为整数），则 $x=z+1$；T_{mw}指某个环节机械可下地作业天数，单位为天；T_w指某个环节可作业天数，单位为天；δ 为机械可下地作业时间概率，设为 0.8[26]。

（2）机械数量

$$N_m = CEILING(\frac{M}{E \times T \times T_{mw}},\ 1) \tag{2}$$

式中：N_m指一定经营规模条件下某个环节作业所需某种机械数量，单位为台（套）；M 指土地经营规模，单位为亩；E 指作业效率，单位为亩/时；T 指每天作业时间，设为 8 小时。

（3）人工成本

$$C_p = CEILING(\frac{M}{E \times T \times N_m},\ 1) \times \Sigma P_j N_j \tag{3}$$

式中：C_p指一定经营规模条件下某个环节某机械作业所需配套的人工成本，单位为元；P_j指某个环节中 j 工种的价格，单位为元/人・天；N_j指某个环节中 j 工种所需人数，单位为人；Σ 为求和函数。

（4）机械年折旧成本

$$C_m = \frac{P_m N_m}{S} \tag{4}$$

式中：C_m指一定经营规模条件下所需某种机械折旧成本，单位为元；P_m指机械价格，单位为元/台（套）；S 指机械寿命，设为 10 年。

（5）机械油耗成本

$$C_o = ML_{um}P_o \tag{5}$$

式中：C_o指一定规模条件下所需某种机械油耗成本，单位为元；L_{um}指单位面积油耗，单位为升/亩；P_m指柴油价格，价格为 7.28 元/升*。

（6）经济成本

$$C = C_p + C_m + C_o \tag{6}$$

式中：C 指一定规模条件下某机械作业项目所需耗费经济成本，单位为元。

4. 机具评价与选型

根据计算结果，定性地对机具进行评价，从而选出较为合适的机型。

三、农机装备选型实证分析

（一）数据来源

以江苏地区水稻种植为例进行实证分析，基础数据从江苏苏州吴江市同里北联示范村农业科技示范区进行采集。该区地处太湖东侧，是一片大小湖泊众多、蝶形洼地广布的平原，适宜水稻、油菜等作物的生长。该区基础设施条件好，土地通过流转已实现规模化经营，且服务组织完善，已基本实现统一供肥供药、统一育秧、统一机耕、统一机插、统一管水、统一植保、统一施肥等专业化服务，为采集全面、系统的数据提供了有利条件。本部分仅以该区水稻种植为例，采集基础信息进行分析。

（二）基础数据

据调查，该区水稻机械化种植过程中，采用流水线育秧；土壤耕翻灭茬，所用机械为纽荷兰 554 拖拉机牵引 1G-175J 或 1BSQ-23 型旋耕机；水稻机械化种植方式主要为机插秧，目前正使用的插秧机类型有 NSPV-68C、SPV-68C 和 SPW-48C；水稻机械联合收获，所用机型有 PR0588-1、中机南方机械 4LZY1.0 型和久保田 4LZ-2.5 型。根据方法要求，采集的耕翻灭茬、碎土平

* 南京地区 2012 年 11 月 22 日油价。

整、播种、收获这几个关键环节所需机械、机具价格、作业效率、单位面积油耗、配套劳动力类型及价格等基础信息，如表 2-1 所示。

表 2-1　吴江同里北联示范区水稻机械化种植基础信息

作业项目	使用机械	涉及工种和人数	效率（亩/时）	各工种价格（元/人·天）	机械可下地作业天数（天）	机械价格（元/台）	油耗（升/亩）
土壤耕整	纽荷兰 554 + 1G-175J	机手 1 人	4	150	18	5 100	1.4
	纽荷兰 554 + 1BSQ-23	机手 1 人	5	150	18	5 100	1.2
机械插秧	久保田 NSPU-68C	起秧 2 人；运秧 1 人；加秧 1 人；开机 1 人	5	70；200；180；300	10	89 800	0.6
	久保田 SPU-68C	起秧 2 人；运秧 1 人；加秧 1 人；开机 1 人	4	70；200；180；300	10	78 000	0.5
	久保田 SPW-48C	起秧 2 人；运秧 1 人；开机加秧 1 人	2.5	70；200；300	10	18 800	0.5
机械联合收获	久保田 588-1	开机 1 人；装袋 2 人；运输 4 人	6	300；150；150	18	258 000	1.2
	中机南方机械 4LZY1.0 型	开机 1 人；装袋 2 人；运输 3 人	3	300；150；150	18	65 000	1.1
	久保田 4LZ-2.5 型	开机 1 人；装袋 2 人；运输 4 人	5	300；150；150	18	130 300	1.2

注：表中“土壤耕整”所对应的“机械价格”中不包括纽荷兰 554 拖拉机的价格；机手价格中不包含燃油消耗费。

（三）机具选型实证分析

1. 土地经营规模为 1 000 亩时机具选型分析

假定土地经营规模为 1 000 亩，即“$M=1\ 000$”，根据基础信息，运用上文中给出的公式和方法，分别计算出所需机械数量、人工成本、机械年折旧成本、油耗成本，进而计算出总经济成本，如表 2-2 所示。

表 2-2 土地经营规模为 1 000 亩时的经济成本

作业项目	使用机械	1 000 亩地所需机械数量（台/套）	1 000 亩地人工成本（元）	机械年折旧价格（元）	1 000 亩地油耗成本（元）	总成本（元）
耕翻灭茬	纽荷兰 554+G-175J	2	4 800	1 020	10 192	16 012
	纽荷兰 554+BSQ-23	2	3 900	1 020	8 736	13 656
机械插秧	久保田 NSPU-68C	3	22 140	26 940	4 368	53 448
	久保田 SPU-68C	4	26 240	31 200	3 640	61 080
	久保田 SPW-48C	6	34 560	11 280	3 640	49 480
机械联合收获	久保田 588-1	2	26 400	51 600	8 736	86 736
	中机南方 4LZY1. 0 型	3	44 100	19 500	8 008	71 608
	久保田 4LZ-2. 5 型	2	31 200	26 060	8 736	65 996

从计算结果可以得出以下结果。

（1）土壤耕整环节。“纽荷兰 554+1G-175J”进行作业的经济成本>“纽荷兰 554+1BSQ-23”进行作业的经济成本，因此土地经营规模为 1 000 亩时，用“纽荷兰 554+1BSQ-23”进行耕整作业相对较优。

（2）机械插秧环节。用久保田 SPU-68C 型高速乘坐式插秧机的经济成本>用 NSPU-68C 型高速乘坐式插秧机的经济成本>用 SPW-48C 型手扶式插秧机的经济成本，因此，土地经营规模为 1 000 亩时，用 SPW-48C 型手扶式插秧机进行插秧相对较优。

（3）水稻机收环节。用久保田 588-1 型收割机作业的经济成本>用中机南方机械 4LZY1. 0 型收割机作业的经济成本>用久保田 4LZ-2. 5 型收割机作业的经济成本，因此土地经营规模为 1 000 亩时，用久保田 4LZ-2. 5 型收割机进行作业相对较优。

2. 土地经营规模为 100 亩和 10 000 亩时机具选型分析

由于土地经营规模对农业机械的选型具有至关重要的影响[27]，因此改变土地规模进一步深入分析农机选型规律。从上文分析中可以看出：①土壤耕整环节，使用“纽荷兰 554+G-175J”和“纽荷兰 554+1BSQ-23”两套机具，前者所需配套的劳动力数量和价格一样，但前者的作业效率低于后者，而油耗又高于后者，因此，无论土壤经营规模如何，都必然是后者优于前者；②插秧环节，虽然手扶式插秧机的作业效率低于高速乘坐式插秧机，但其在油耗及配套劳动力等方面均具有较大优势，而在两种乘坐式插秧机的比较中，作业效率较高的 NSPU 机型在土地规模为 1 000 亩较优；③机收环节，由于久保田 588-1 型收割机的价格要远高于其他两种机型，因此在中小型土地规模条件下必然不占优势，但中机南方机械 4LZY1.0 型收割机的价格优势在土地经营规模为 1 000 亩时并没有显现。因此，为摸索出机具选型与土地规模之间的一般规律，进一步通过缩小和扩大土地经营规模来实证分析研究探讨。运用上述 3 种插秧机型和 3 种收割机型的作业参数，再计算出其分别在土地规模为 100 亩和 10 000 亩时的经济成本，最后进行对比分析，结果如表 2-3 所示。

表 2-3　不同规模条件下各机具经济成本

作业项目	使用机械	总成本（元）			机具比较		
		100 亩	1 000 亩	10 000 亩	100 亩	1 000 亩	10 000 亩
机械插秧	久保田 NSPU-68C	11 877	53 448	501 760	SPW-48C< SPU-68C< NSPU-68C	SPW-48C< NSPU-68C< SPU-68C	SPW-48C< NSPU-68C< SPU-68C
	久保田 SPU-68C	11 444	61 080	567 700			
	久保田 SPW-48C	54 44	49 480	464 240			
机械联合收获	久保田 588-1	30 274	86 736	700 560	4LZY1.0< 4LZ-2.5< 588-1	4LZ-2.5< 4LZY1.0< 588-1	4LZ-2.5< 588-1< 4LZY1.0
	中机南方 4LZY1.0 型	12 551	71 608	709 180			
	久保田 4LZ-2.5 型	17 504	65 996	603 040			

当土地经营规模发生改变时，机具比较的结果也随之改变。机械插秧环节 NSPU 和 SPU 两种乘坐式插秧机型的比较中：土地规模为 100 亩时，用 SPU 型插秧机经济成本较低；而当规模扩大为 1 000 亩时，结果则相反。SPU 型插秧机虽然作业效率低于 NSPU 型，但机具价格和油耗较低，因此土地经营规模较小时，这种优势比较明显，但随着土地规模的扩大，作业效率的优势逐渐显现。类似的情况也出现在机械收获环节各机型的比较中，可以看到，中机南方 4LZY1.0 型收割机由于价格占有绝对优势，并且油耗也较低，需配套的劳动力较少，在土地规模较小时，其经济成本较低，但随着经营规模的扩大，作业效率的劣势逐渐占据主导地位，从而

被其他机型取代。而久保田 588-1 型收割机由于价格是分别为其他机型的 2 倍和 4 倍，在土地中小规模经营时经济成本较高，而土地面积 100 亩扩大至 1 000 亩的过程中，作业效率的优势逐渐开始弥补价格的劣势，经济成本相对降低。

四、主要农机装备型号遴选

结合江苏地区粮食生产实际，针对拖拉机、稻麦联合收割机和插秧机等主要农机装备的适用机型进行初步遴选。

（一）拖拉机

据调查研究，江苏地区水旱轮作田块使用的拖拉机主要为 50~70 马力* 的中型拖拉机，80 马力以上的大型拖拉机只有少数大型农场在使用，因此主要遴选了 50~70 马力的拖拉机，如表 2-4 所示。

表 2-4　适用拖拉机

机具型号	发动机功率（千瓦）	提升力（千牛）	旱田犁地牵引力（千牛）	机具型号	发动机功率（千瓦）	提升力（千牛）	旱田犁地牵引力（千牛）
常州东风-480C 型	35.3		14.8	福田雷沃 M604-A1	46.0		
常州东风-484C 型	35.3		19.8	常发 CF650	47.8		
常发 CF480	35.3			常发 CF654	47.8		
常发 CF484	35.3			沃得 WD650	47.8		
常发 CFC500	35.3			山东常林 SH650	47.8		
约翰迪尔“JOHN-DEERE、奔野”480	35.3	≥7.94		山东常林 SH654	47.8		
约翰迪尔“JOHN-DEERE、奔野”484	35.3	≥7.94		约翰迪尔“JOHN-DEERE、奔野”650	47.8	≥13	
江苏清拖 500	36.75	8.3	10.5	约翰迪尔“JOHN-DEERE、奔野”654	47.8	≥13	

* 1 马力=0.735 千瓦。

（续表）

机具型号	发动机功率（千瓦）	提升力（千牛）	旱田犁地牵引力（千牛）	机具型号	发动机功率（千瓦）	提升力（千牛）	旱田犁地牵引力（千牛）
江苏清拖 504	36.75	8.3	13	东风-650 型	48		18.51
常州东风 500 型	36.8		12.19	东风-654 型	48		22.8
常州东风 504 型	36.8		28.25	常州联发凯迪 KD650	48	10.8	12
常州联发凯迪 KD500	36.8	8.3	10	常州联发凯迪 KD654	48	10.8	12
常州联发凯迪 KD504	36.8	8.3	12	一拖 LX650	48		
东方红-500	36.8			一拖 LX654	48		
东方红-504	36.8			东方红-MG650	48		
东方红-MF500	36.8			东方红-MG654	48		
东方红-MF504	36.8			福田雷沃 M650-A1	48		
福田雷沃 M500-B	36.8			福田雷沃 M654-B	48		
福田雷沃 M504-B	36.8			江苏清拖 650	48	10.8	15
常发 CF500	36.8			江苏清拖 654	48	10.8	17
常发 CF504	36.8			黄海金马 650 型	48		
常发 CFC504	36.8			黄海金马 654 型	48		
江苏清拖 500P	36.8	8.3	12	山东时风 SF650	48	≥12	≥13
江苏清拖 504P	36.8	8.3	15	纽荷兰 SNH650-111	48	≥14	≥17.6
沃得 WD500	36.8			纽荷兰 SNH650-211	48	≥14	≥17.6
沃得 WD504	36.8			纽荷兰 SNH650-212	48	≥14	≥17.6
黄海金马 500 型	36.8			纽荷兰 SNH650-411	48	≥14	≥17.6
黄海金马 504 型	36.8			纽荷兰 SNH650-412	48	≥14	≥17.6
纽荷兰 SH500-111	37	≥8	≥14.1	纽荷兰 SNH650-511	48	≥14	≥17.6
纽荷兰 SH500-211	37	≥8	≥14.1	纽荷兰 SNH650-512	48	≥14	≥17.6
纽荷兰 SH500-411	37	≥8	≥14.1	纽荷兰 SNH654-111	48	≥14	≥23.5
纽荷兰 SH500-511	37	≥8	≥14.1	纽荷兰 SNH654-211	48	≥14	≥23.5
纽荷兰 SH504-111	37	≥8	≥17.6	纽荷兰 SNH654-212	48	≥14	≥23.5
纽荷兰 SH504-211	37	≥8	≥17.6	纽荷兰 SNH654-411	48	≥14	≥23.5
纽荷兰 SH504-411	37	≥8	≥17.6	纽荷兰 SNH654-412	48	≥14	≥23.5

（续表）

机具型号	发动机功率（千瓦）	提升力（千牛）	旱田犁地牵引力（千牛）	机具型号	发动机功率（千瓦）	提升力（千牛）	旱田犁地牵引力（千牛）
纽荷兰 SH504-511	37	≥8	≥17.6	纽荷兰 SNH654-511	48	≥14	≥23.5
纽荷兰 SNH500-111	37	≥8	≥14.1	纽荷兰 SNH654-512	48	≥14	≥23.5
纽荷兰 SNH500-211	37	≥8	≥14.1	久保田 KUBOTA-M704Q 型	50.7		
纽荷兰 SNH500-411	37	≥8	≥14.1	久保田 KUBOTA-M704R 型	50.7		
纽荷兰 SNH500-511	37	≥8	≥14.1	东风-700 型	51.5		18.9
纽荷兰 SNH504-111	37	≥8	≥17.6	东风-704 型	51.5		25.1
纽荷兰 SNH504-211	37	≥8	≥17.6	一拖 LX700	51.5		
纽荷兰 SNH504-212	37	≥8	≥17.6	一拖 LX704	51.5		
纽荷兰 SNH504-411	37	≥8	≥17.6	东方红-MG700	51.5		
纽荷兰 SNH504-412	37	≥8	≥17.6	东方红-MG704	51.5		
纽荷兰 SNH504-511	37	≥8	≥17.6	福田雷沃 M700-A	51.5		
纽荷兰 SNH504-512	37	≥8	≥17.6	福田雷沃 M704-A	51.5		
约翰迪尔“JOHN-DEERE、奔野”500	37	≥9.4		常发 CF700	51.5		
约翰迪尔“JOHN-DEERE、奔野”504	37	≥9.4		常发 CF704	51.5		
常州联发凯迪 KD550	40.4	9.1	12	江苏清拖 700	51.5	12	15
常州联发凯迪 KD554	40.4	9.1	12	江苏清拖 704	51.5	12	17.5
东方红-550	40.4			沃得 WD700	51.5		
东方红-554	40.4			沃得 WD704	51.5		
东方红-MF550	40.4			山东常林 SH700	51.5		
东方红-MF554	40.4			山东常林 SH704	51.5		
东方红-MK550	40.4			山东时风 SF700	51.5	≥12.5	≥14
东方红-MK554	40.4			山东时风 SF704	51.5	≥12.5	≥16.5
福田雷沃 M550-B	40.4			纽荷兰 SNH700-111	51.5	≥14	≥18
福田雷沃 M554-B	40.4			纽荷兰 SNH700-112	51.5	≥14	≥18

（续表）

机具型号	发动机功率（千瓦）	提升力（千牛）	旱田犁地牵引力（千牛）	机具型号	发动机功率（千瓦）	提升力（千牛）	旱田犁地牵引力（千牛）
黄海金马 550 型	40.4			纽荷兰 SNH700-211	51.5	≥14	≥18
黄海金马 554 型	40.4			纽荷兰 SNH700-212	51.5	≥14	≥18
山东常林 SH550	40.4			纽荷兰 SNH700-411	51.5	≥14	≥18
山东常林 SH554	40.4			纽荷兰 SNH700-412	51.5	≥14	≥18
纽荷兰 SNH550-111	40.4	≥9.09	≥14.1	纽荷兰 SNH700-511	51.5	≥14	≥18
纽荷兰 SNH550-211	40.4	≥9.09	≥14.1	纽荷兰 SNH700-512	51.5	≥14	≥18
纽荷兰 SNH550-411	40.4	≥9.09	≥14.1	纽荷兰 SNH704-111	51.5	≥14	≥25.5
纽荷兰 SNH550-511	40.4	≥9.09	≥14.1	纽荷兰 SNH704-112	51.5	≥14	≥25.5
纽荷兰 SNH554-111	40.4	≥9.09	≥17.6	纽荷兰 SNH704-211	51.5	≥14	≥25.5
纽荷兰 SNH554-211	40.4	≥9.09	≥17.6	纽荷兰 SNH704-212	51.5	≥14	≥25.5
纽荷兰 SNH554-212	40.4	≥9.09	≥17.6	纽荷兰 SNH704-411	51.5	≥14	≥25.5
纽荷兰 SNH554-411	40.4	≥9.09	≥17.6	纽荷兰 SNH704-412	51.5	≥14	≥25.5
纽荷兰 SNH554-412	40.4	≥9.09	≥17.6	纽荷兰 SNH704-511	51.5	≥14	≥25.5
纽荷兰 SNH554-511	40.4	≥9.09	≥17.6	纽荷兰 SNH704-512	51.5	≥14	≥25.5
纽荷兰 SNH554-512	40.4	≥9.09	≥17.6	约翰迪尔“JOHNDEERE、奔野”700	51.5	≥13	
约翰迪尔“JOHNDEERE、奔野”X550	40.4	≥10.3	≥19.65	约翰迪尔“JOHNDEERE、奔野”704	51.5	≥13	
约翰迪尔“JOHNDEERE、奔野”X554	40.4	≥10.3	≥19.65	一拖 LX750	55		
约翰迪尔 JOHNDEERE 550	40.4	≥13		一拖 LX750H	55		
约翰迪尔 JOHNDEERE 554	40.4	≥13		一拖 LX754	55		
江苏清拖 550P	40.43	9.1	11.5	东方红-MG750	55		
江苏清拖 554P	40.43	9.1	14.5	东方红-MG754	55		
东风-550 型	40.5		13.43	福田雷沃 M750-A1	55		
东风-554 型	40.5		20.83	福田雷沃 M750-D	55		

（续表）

机具型号	发动机功率（千瓦）	提升力（千牛）	旱田犁地牵引力（千牛）	机具型号	发动机功率（千瓦）	提升力（千牛）	旱田犁地牵引力（千牛）
常发 CF550	40.5			福田雷沃 M754-D	55		
常发 CF554	40.5			江苏清拖 750P	55	12.4	15
江苏清拖 550	40.5	9.1	12.4	江苏清拖 754P	55	12.4	17.5
江苏清拖 554	40.5	9.1	15.7	沃得 WD750	55		
沃得 WD554	40.5			沃得 WD754	55		
山东时风 SF550	40.5	≥10	≥11	黄海金马 750 型	55	13.2	
山东时风 SF554	40.5	≥9.1	≥12.5	黄海金马 754-1 型	55		
福田雷沃 M550-A1	43			黄海金马 754 型	55		
福田雷沃 M554-A	43			山东常林 SH750	55		
常州联发凯迪 KD600	44	9.9	12	山东常林 SH754	55		
常州联发凯迪 KD604	44	9.9	12	山东时风 SF750B	55	≥13	≥15
福田雷沃 M600-B	44			山东时风 SF754B	55	≥13	≥17.5
福田雷沃 M604-B	44			东风-750 型	55.1		23.8
东风-600 型	44.1		14.95	东风-754 型	55.1		24.4
东风-604 型	44.1		20.89	常发 CF750	55.1		
东方红-MF600	44.1			常发 CF754	55.1		
东方红-MF604	44.1			常发 CFG750A	55.1		
东方红-MG600	44.1			常发 CFG750AJ	55.1		
东方红-MG604	44.1			常发 CFG754A	55.1		
东方红-MK600	44.1			常发 CFG754AJ	55.1		
东方红-MK604	44.1			纽荷兰 SNH750-112	55.1	16	18.75
常发 CF600	44.1			纽荷兰 SNH750-122	55.1	16	18.75
常发 CF604	44.1			纽荷兰 SNH750-412	55.1	16	18.75
黄海金马 600 型	44.1			纽荷兰 SNH750-422	55.1	16	18.75
黄海金马 604 型	44.1			纽荷兰 SNH750-512	55.1	16	18.75

（续表）

机具型号	发动机功率（千瓦）	提升力（千牛）	旱田犁地牵引力（千牛）	机具型号	发动机功率（千瓦）	提升力（千牛）	旱田犁地牵引力（千牛）
山东常林 SH600	44.1			纽荷兰 SNH750-522	55.1	16	18.75
山东常林 SH604	44.1			纽荷兰 SNH754-112	55.1	16	25.5
山东时风 SF600	44.1	≥11	≥12	纽荷兰 SNH754-122	55.1	16	25.5
约翰迪尔“JOHN-DEERE、奔野”600	44.1	≥13		纽荷兰 SNH754-412	55.1	16	25.5
约翰迪尔“JOHN-DEERE、奔野”604	44.1	≥13		纽荷兰 SNH754-422	55.1	16	25.5
一拖 LX600	45			纽荷兰 SNH754-512	55.1	16	25.5
一拖 LX604	45			纽荷兰 SNH754-522	55.1	16	25.5
江苏清拖 600	45	10.8	12.7	约翰迪尔 JD5-750	55.1		
江苏清拖 604	45	10.8	15.5	约翰迪尔 JD5-754	55.1		
沃得 WD604	45			约翰迪尔 JDTN750	55.1		
福田雷沃 M600-A1	46			约翰迪尔 JDTN754	55.1		

（二）插秧机

水稻插秧机分步进式和乘坐式两类机型，有 2 行、4 行、6 行、8 行、9 行等，由于水旱轮作田块普遍土壤条件比较好、地块相对较大，很少用 2 行的插秧机，因此遴选的 4 行及以上的插秧机，如表 2-5 所示。

表 2-5　适用插秧机

水稻播种类型	生产企业	机具型号	功率（千瓦）	行距（厘米）	机插行数（行）
步进式插秧机	安徽天马集团新型机械设备有限公司	2Z-4	3.05	30	4
	安徽天马集团新型机械设备有限公司	2Z-6	3.05	30	4
	安徽天时插秧机制造有限公司	2ZS-YK4B	2.8	30	4
	大同农机（安徽）有限公司	2ZS-4A（DP480）	1.9	30	4
	湖北黄鹤插秧机制造有限公司	2Z-SF430	4.41	30	4

（续表）

水稻播种类型	生产企业	机具型号	功率（千瓦）	行距（厘米）	机插行数（行）
步进式插秧机	江苏常发农业装备股份有限公司	2ZS-4	2	30	4
	江苏常发农业装备股份有限公司	2ZS-4D	2.8	30	4
	江苏常发农业装备股份有限公司	2ZS-4H	2.8	30	4
	江苏东洋机械有限公司	2ZS-4（PF455S）	1.7（2.3）	30	4
	江苏东洋机械有限公司	2ZS-4A（PF48）	3.2（4.0）	30	4
	久保田农业机械（苏州）有限公司	2ZS-4（SPW-48C）	2.6	30	4
	南通富来威农业装备有限公司	2Z-455	2.57/2.61	30	4
	南通富来威农业装备有限公司	2ZF-4B	2.57/2.61	30	4
	山东华盛农业药械有限责任公司	2Z-430	3.2	30	4
	洋马农机（中国）有限公司	2ZQS-4（AP4）	2.6	30	4
	浙江小精农机制造有限公司	2ZX-430A	4.04	30	4
	中机南方机械股份有限公司	2ZF-430	2.61	30	4
	安徽天时插秧机制造有限公司	2ZS-6	3.8	30	6
	东风井关农业机械（湖北）有限公司	2ZS-6A（PC6-80）	2.9	30	6
	井关农机（常州）有限公司	2ZS-6A（PC6-80）	3.2	30	6
	久保田农业机械（苏州）有限公司	2ZS-6（SPW-68C）	3.3	30	6
	浙江小精农机制造有限公司	AP60	4.04	30	6
乘坐式插秧机	洋马农机（中国）有限公司	2ZGZ-4（VP4E）	5.8	30	4
	安徽天马集团新型机械设备有限公司	2ZG-6	13.2	30	6
	大同农机（安徽）有限公司	2ZG-6A（S3-680）	8.82	30	6
	大同农机（安徽）有限公司	2ZG-6B（DUO60）	11.4	30	6
	江苏东洋机械有限公司	2ZGQ-6（PD60）	11（15）	30	6
	井关农机（常州）有限公司	2Z-6B（PZ60-HGR）	8.3/11.8	30	6
	井关农机（常州）有限公司	2Z-6B1（PZ60-HGRT）	8.3/11.8	30	6

（续表）

水稻播种类型	生产企业	机具型号	功率（千瓦）	行距（厘米）	机插行数（行）
乘坐式插秧机	井关农机（常州）有限公司	2Z - 6B2 （PZ60 - HDRT）	13.2	30	6
	久保田农业机械（苏州）有限公司	2ZGQ - 6 （NSPU - 68C）	8.5	30	6
	久保田农业机械（苏州）有限公司	2ZGQ - 6B （NSPU - 68CM）	8.5	30	6
	久保田农业机械（苏州）有限公司	2ZGQ - 6D （NSPU - 68CMD）	12.7	30	6
	南通富来威农业装备有限公司	2ZG-6DK	11.8		6
	洋马农机（中国）有限公司	2ZGQ-6（VP6）	7.7	30	6
	洋马农机（中国）有限公司	2ZGQ-6D（VP6D）	12.8	30	6
	洋马农机（中国）有限公司	2ZGZ-6（VP6E）	7.1	30	6
	中机南方机械股份有限公司	2ZG630A	11.4	30	6
	井关农机（常州）有限公司	2Z-8A（PZ80）	16.3	30	8
	久保田农业机械（苏州）有限公司	2ZGQ-8B（NSD8）	15.1	30	8
	洋马农机（中国）有限公司	2ZGQ-8（VP8D）	13.4	30	8
	洋马农机（中国）有限公司	2ZGQ-8D（VP8DN）	15.6	30	8
	中机南方机械股份有限公司	2ZG824	11.4	24	8

（三）联合收割机

稻麦联合收割机有半喂入和全喂入两种机型，在江苏稻麦轮作生产中都有使用，主要机型如表 2-6 所示。

表 2-6　水旱轮作区适用联合收割机

类型	生产企业和机具型号	功率（千瓦）	割台宽度（米）	类型	生产企业和机具型号	功率（千瓦）	割台宽度（米）
半喂入联合收割机	安徽大同 4LBZ-久保田 145C（DSC48）	35.3	1.45	全喂入联合收割机	常发锋陵 4LL-2.2Z	53	2
	久保田 4LBZ-145（PRO488）	35.3	1.45		洛阳中收 4LZ-252	53	2.5
	洋马 4LBZJ-140C（Ce-2M）	35.3	1.4		福田雷沃 4LZ-2.5	55	2
	安徽京田 525EX-T	38.8	1.4		福田雷沃 4LZ-2.5G	55	2

（续表）

类型	生产企业和机具型号	功率（千瓦）	割台宽度（米）
半喂入联合收割机	沃得 4LB-150	40.5	1.45-1.5
	井关 4LBZ-145C（HF558）	41.2	1.45
	洋马 4LBZJ-140D（AG600）	44.1	1.4
	井关 4LBZ-145B（HF608）	44.6	1.45
	浙江柳林 4LB-145	45	1.45
	安徽大同 4LBZ-145B（DSC62）	45.6	1.45
	久保田 4LBZ-145C（PRO588-I）	46	1.45
	中机南方 4LBZ-150	46	1.45-1.5
	常发锋陵 4LB-150	48	1.5
	常发锋陵 4LB-150Ⅱ（锋陵 650）	48	1.5
	莱恩 4LBZ-145（莱恩 65A）	48	1.45
	中机南方 4LBZ-150Ⅱ	52	1.45-1.5
	宇成 4LBZ-150	53	1.5
	宇成 4LBZ-150A	53	1.5
	久保田 4LBZ-172（PRO788）	59.4	1.72
	久保田 4LBZ-172B（PRO888GM）	66.1	1.72
	富莱威 4LBZ-145（4LB1450）	38/40	1.45
	无锡 4LBZ-145（TH-3）	40.5/35.3	1.45
全喂入联合收割机	富莱威 4LBZ-1480	45/44.5	1.48
	洛阳中收 4LZ-200	46	2
	福田雷沃 4LZ-2B2	48	2
	福田雷沃 iwo4LZ-2C2	48	2
	福田雷沃 4LZ-3	48	2.38
	湖州丰源 4LZ-2.6	48	2.08
	湖州丰源 4LZ-2.8	48	2.21
	湖州丰源 4LZ-3.0	48	2.36
全喂入联合收割机	福田雷沃 4LZ-2B	55	2
	福田雷沃 4LZ-2E	55	2
	福田雷沃 4LZ-3B	55	2.38
	星光至尊 4LL-2.0D	55	2
	沃得 4LZ-2.5	55	2.24
	沃得 4LZ-3.0	55	2.542
	中机南方 4LZ-2.5	55	2
	湖州思达 4LZ-2.5A	56	2.18
	湖州思达 4LZ-2.8	56	2.38
	湖州思达 4LZ-3.0Z	56	2
	约翰迪尔 4LZ-3（L50）	56	2.5/2.75
	中机南方 4LZ-3.2	56	2.8
	约翰迪尔 4LZ-3.5（L60）	59	2.5/2.75
	福田雷沃 4LZ-3G	60	2
	浙江柳林 4LZ-2.0B	60	2
	浙江柳林 4LZ-3.0	60	2.58
	浙江柳林 4LZ-3.0H	60	2.1
	常发佳联 4LZ-3（CF503）	62	2.5
	常发锋陵 4LL-2.5Z	62	2.54
	福田雷沃 4LZ-3.5G	65	2
	福田雷沃 4LZ-4G	65	2.4
	湖州丰源 4LZ-3.2Z	65	2.08
	中机南方 4LZ-3.0	65	2.38
	福田雷沃 4LZ-2.5E	66	2.36
	福田雷沃 4LZ-2.5E1	66	2.6
	福田雷沃 4LZ-2.5E3	66	2.36

（续表）

类型	生产企业和机具型号	功率（千瓦）	割台宽度（米）	类型	生产企业和机具型号	功率（千瓦）	割台宽度（米）
全喂入联合收割机	常发锋陵 4LL-2.2	48	2	全喂入联合收割机	福田雷沃 4LZ-2.5L	66	2.36
	山东金亿 4LZ-2.5	48	2		福田雷沃 4LZ-4F	66	2.9
	约翰迪尔 4LZ-2.5(R40)	48	2.1		洛阳中收 4LZ-280	66	2.8
	中机南方 4LZ-2.3	48	2.18		洛阳中收 4LZ-2A	66	2.36
	中机南方 4LZ-2.8	48	2.28		山东金亿 4LZ-2A	66	2.36
	久保田 4LZ-2.5(PRO688Q)	50	2		山东金亿 4LZ-2B	66	2.36
	沃得 4LZ-2.0	52	2		山东金亿 4LZ-2C	66	2.36
	沃得 4LZ-2.0B	52	2		山东金亿 4LZ-3A	66	2.36
	沃得 4LZ-2.3	52	2		山东金亿 4LZ-3B	66	2.36
	莱恩 4LZ-2.5A	52	2		浙江柳林 4LZ-3.5	66	2.9
	浙江柳林 4LZ-2.5	52	2.1		沃得 4LZ-2	66.2	2.36
	浙江柳林 4LZ-2.5S	52	2		沃得 4LZ-3.5	66.2	2.88
	浙江柳林 4LZ-2.8A1	52	2.3		洛阳中收 4LZ-2.5	67.5	2.36
	中机南方 498BZT	52	2.2		洛阳中收 4LZ-2.5K	67.5	2.36
	常发锋陵 4LL-2.2A	53	2				

（执笔人：曹蕾　高庆生）

第三章　江苏粮食生产全程机械化技术与装备

本章以文字、框图和图片等形式，按总体、区域、作业环节介绍江苏省主要粮食作物水稻-小麦和玉米-小麦周年轮作全程机械化生产技术模式、适用机械装备选型及其规模化生产配置方案；从农艺农机融合的层面阐述了技术模式特点、适用农机装备、农艺要点等内容，基本涵盖了江苏省粮食生产全程机械化技术模式与装备的全貌。江苏历来十分重视粮食生产，在发展农机装备方面做了大量实践探索，形成了丰富多样的技术特色和江苏方案，农机装备水平和作业水平位居全国前列，为巩固提升全省粮食产能，保障国家粮食安全，促进乡村振兴战略实施和农业绿色发展发挥了重要作用。

一、稻麦周年生产全程机械化技术模式

水旱轮作周年生产水稻、小麦（主要是小麦，含少量大麦和元麦）是江苏省主要粮食作物，分布于江苏省全境的平原地区。2017 年全省水稻种植面积在 3 414 万亩左右，稻谷产量 1 925 万吨，在全国排第四位，平均单产达 563. 9 千克/亩[32]；与水稻轮作的小麦种植面积在 3 150 万亩左右，产量 1 150 万吨，排全国第 5 位[33]。

水稻种植机械化是粮食生产全程机械化的关键薄弱环节。江苏省结合实际大力推广麦秸秆机械化全量还田技术；始终突出新机具推广，重点发展高性能乘坐式插秧机；突出水稻集中育供秧示范推广，规范集中育秧技术操作，提高育秧水平和育秧质量；增强机手和机插作业服务组织的质量意识，确保机插达到农艺要求；配套完善秸秆还田后大田水浆管理、肥料运筹等关键技术[34]。

江苏省各地出台了一批适用于其区域的稻麦周年生产全程机械化技术流程，依据气候特点，粗略划分，归纳苏南、里下河、淮北三个典型区域稻麦周年生产全程机械化技术模式。

（一）苏南地区稻麦周年生产全程机械化技术模式

苏南地区位于长江以南，含南京、镇江、常州、无锡、苏州5个设区市。苏南偏东大部分为太湖平原，西部低山丘陵，间有小平原。区域内河湖密布，水网交织；地处亚热带湿润季风气候区，降水丰盈，日照充足，积温较高，无霜期长达8个月；土壤肥沃，土质大部分为黏土，也有棕壤土和沙性土，享誉“鱼米之乡”。常州市金坛区示范推广的稻麦周年生产全程机械化技术模式（图3-1）在苏南地区具有代表性[35]。

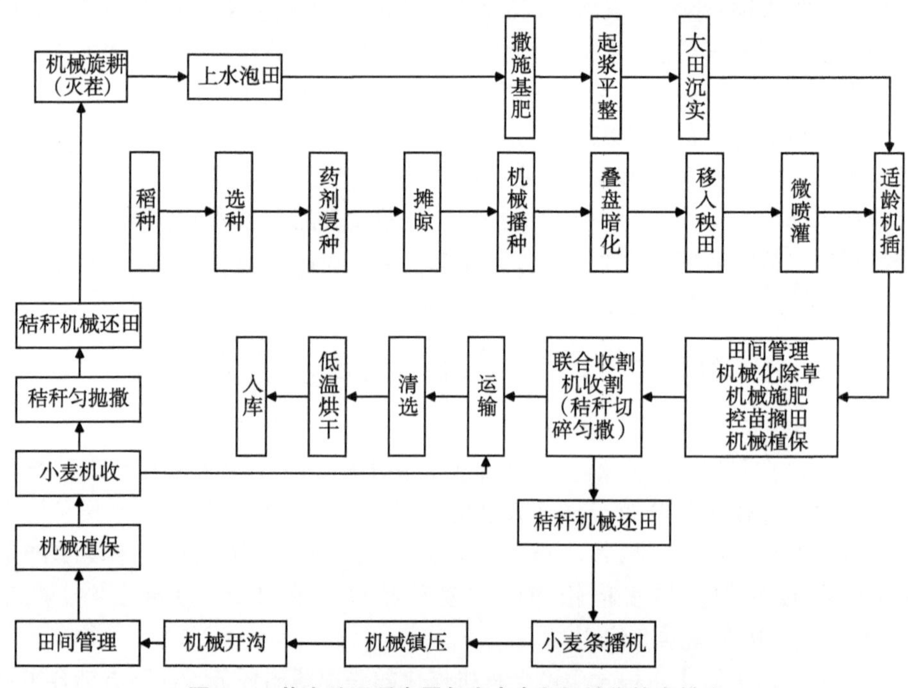

图3-1 苏南地区稻麦周年生产全程机械化技术模式

（二）里下河地区稻麦周年生产全程机械化技术模式

里下河地区位于长江以北，古淮河以南，居省境南北之中部，含扬州、泰州、南通、淮安、盐城5个设区市。区域内主要为江淮冲积平原，地势低平。气候属亚热带湿润季风气候向暖温带半湿润季风气候过渡，特点是四季分明，日照充足，雨量丰沛，风向随季节有明显变化；土壤肥沃，土质大部分为黏土，也有沙壤土和高沙土；水源丰盈，大小水面星罗棋布。扬州市江都区示范推广的稻麦周年生产全程机械化技术模式（图 3-2）在里下河地区具有代表性。

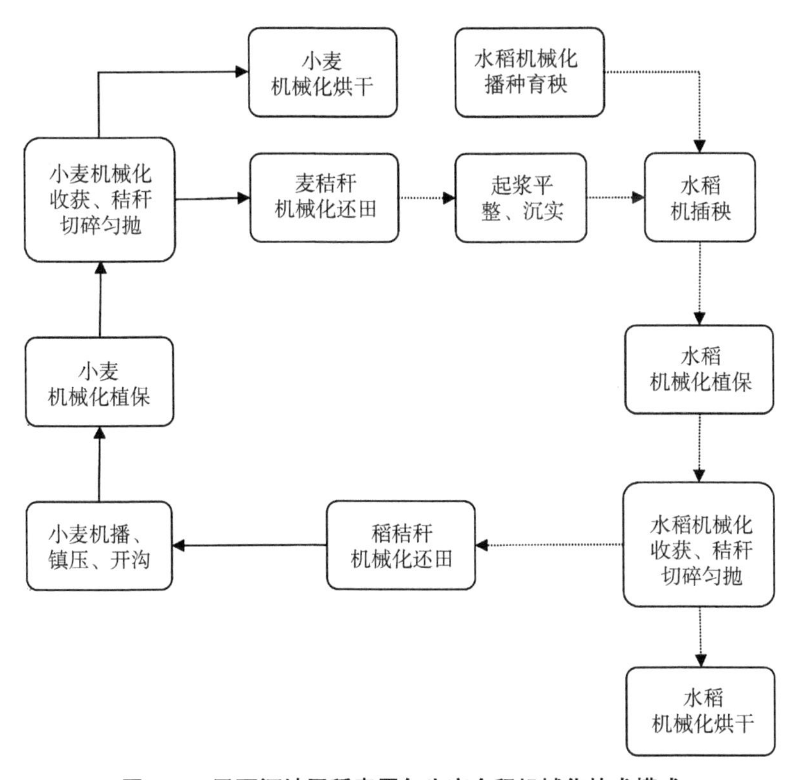

图 3-2　里下河地区稻麦周年生产全程机械化技术模式

（三）淮北地区稻麦周年生产全程机械化技术模式

淮北地区位居古淮河以北，含宿迁、徐州、连云港 3 个设区市。地形属黄河冲积平原，地势平坦，土壤大部分为淤土属和黏性脱盐土属。具暖温带半湿润季风气候，无霜期 7 个月，年均降水量约 800 毫米。连云港市灌南县示范推广的稻麦生产模式（图 3-3）适用于黄淮海流域一年两熟稻麦连作平原地区。

比较以上三大典型区域，虽然各区域机械化水平和技术细节有所差异，表述方式有所不同，但总体上类同，江苏省全域实施的稻麦周年生产全程机械化

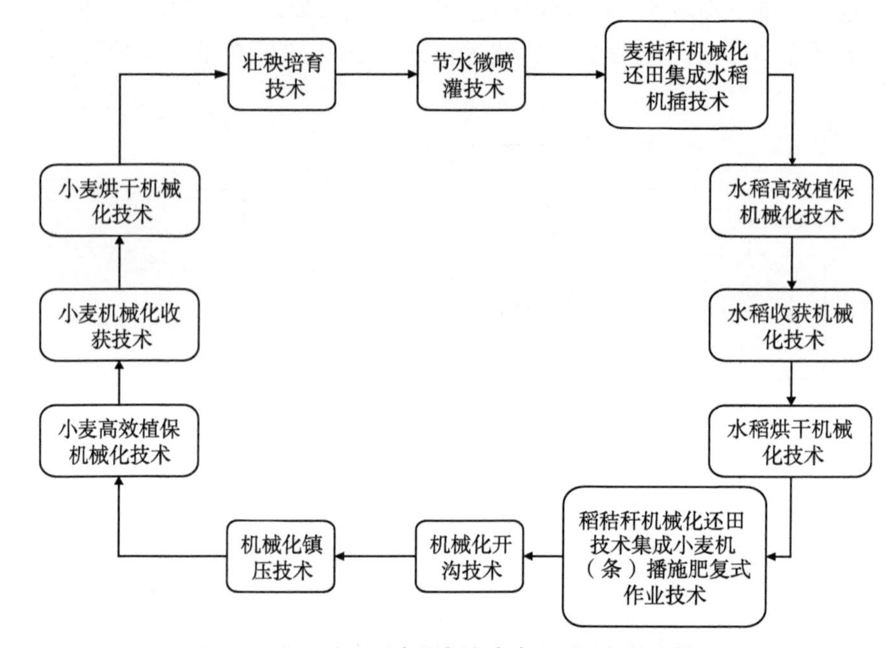

图 3–3　淮北地区稻麦周年生产全程机械化技术模式

技术模式可概括表达如图 3–4 所示。机具配置方案见附件 1。

关于机具配置选型，有研究人员认为一定的土地经营规模条件下，从经济成本角度衡量机具的优劣实质上取决于各机具配套人工成本、机具折旧成本和油耗成本 3 个因素的均衡，而影响这 3 个因素的参数包括土地规模、机具作业效率、单位面积油耗、机具价格、所需配套劳动力工种与价格等。其中，机具作业效率决定着一定土地规模条件下所需机械数量；人工成本取决于土地规模、作业效率、工种与工种价格；机具折旧成本取决于土地规模、作业效率、机具价格；油耗成本取决于土地规模、机具单位面积油耗。

当同类机械所需配套工种与工种价格以及单位面积油耗无较大差异时，机具选型主要取决于机具作业效率和机具价格这 2 个参数，而这 2 个参数一般呈正相关。当土地规模较小时，虽然某种作业效率较高的机型所需数量较少，从而人工成本相对较低，但由于机具价格高导致机具折旧成本并不一定低，当价格的劣势超过效率的优势时，机具选型的结果便会倾向于选择作业效率低但价格便宜的机型；随着土地经营规模的扩大，效率的优势必然逐渐增加并弥补价格的劣势，从而机具选型的结果便开始向选择价格贵但作业效率高的机型

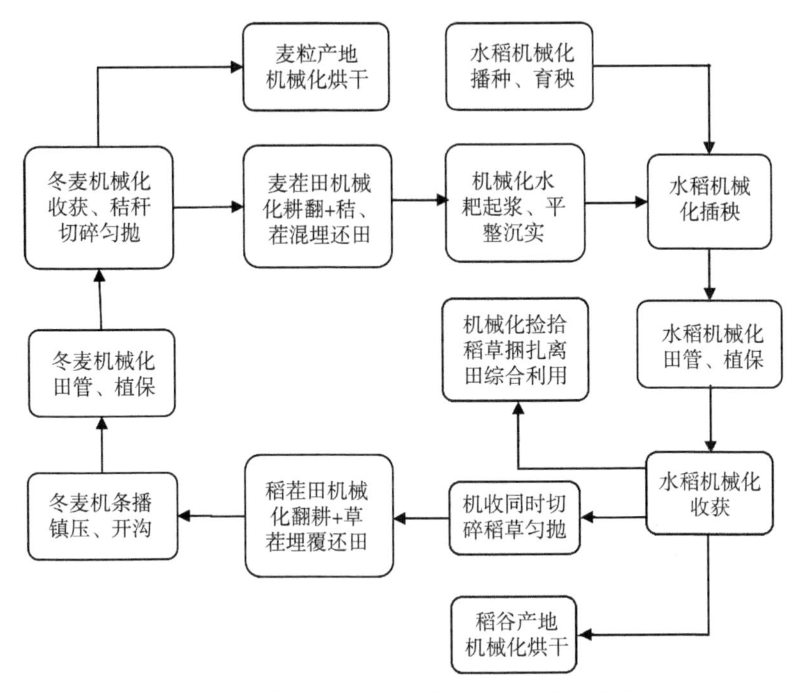

图 3-4 江苏省稻麦周年生产全程机械化技术模式

倾斜。

总之，大中型合作社、规模化经营者可以适当购置价值较大、作业效率较高的先进大型农业机械；而种植大户或小型合作社，可选购价格较低、可靠性相对较好的农业机械，以提高机械化效益。市场上产品的性价比、品质和服务的口碑往往是决定性因素。

二、稻麦生产六大作业环节的机械化技术模式

（一）机械化耕整技术

江苏省把机械化还田作为稻麦秸秆综合利用主渠道，按照“夏季还田为主，秋季适度还田”的原则，重点推广大功率拖拉机和配套还田机械，扩大机械粉碎还田、旋耕还田、犁翻还田的面积，提升还田效果，满足农艺高质量

还田要求；根据目标产量及土壤肥力，结合测土配方施肥，提高肥料使用效率，控减化肥施用量。发展精准施肥机械化技术，加大先进适用条施、深施肥机械的示范推广力度，促进减肥、节肥绿色发展。

1. 技术模式

（1）夏季“旱耕水整”技术模式（图 3–5）。采用旋耕机和耙整机具等耕整田地、混埋麦秸残茬还田的通用模式。

图 3–5　夏季“旱耕水整”技术模式

（2）夏季“秸秆粉碎旱耕水整”技术模式（图 3–6）。适用于小麦高留茬收割场合。

图 3–6　夏季“秸秆粉碎旱耕水整”技术模式

（3）夏季“水耕水整”技术模式（图 3–7）。采用水田埋茬耕整机、液压调控折叠水田耕耙平整复式机等作业 1~2 遍的模式。

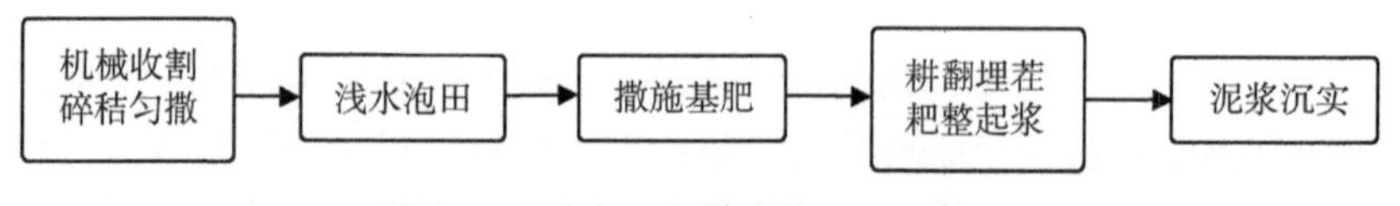

图 3–7　夏季“水耕水整”技术模式

（4）秋季“犁翻埋茬碎垡”技术模式（图 3–8）。逐年或隔年深耕翻埋稻秆残茬还田的作业模式。

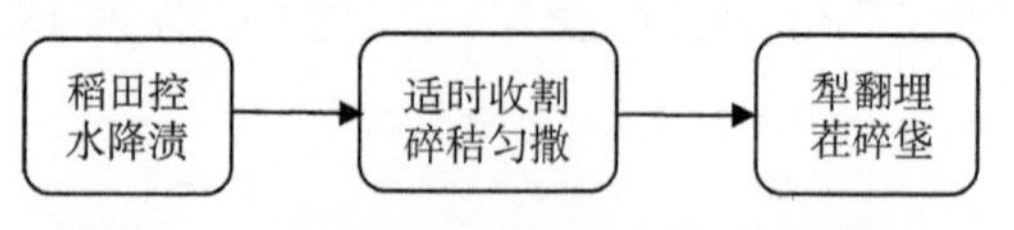

图 3–8　秋季“犁翻埋茬碎垡”技术模式

（5）秋季“旋耕还田”技术模式（图 3–9）。旋耕混埋稻秆残茬还田的通用模式。

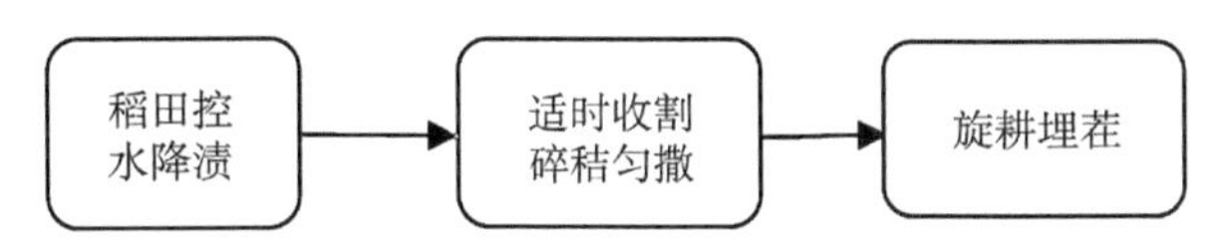

图 3-9 秋季“旋耕还田”技术模式

2. 技术特点

江苏省在秸秆全量还田的复杂条件下解决了高质量耕整地的难题，归因于农艺和农机融合。夏收后的麦茬田一般不采用犁耕深翻模式，用旱旋耕将秸秆残茬较充分地混埋还田，减少漂浮物。麦秸根茬还田后经历夏季高温和水浸条件较易腐解。在秋季播麦前，用犁耕翻埋稻草残茬还田是江苏省提倡的先进机械化农艺技术，按保护性耕作技术少动土原则，提倡间隔 2~4 年犁耕一次。

秸秆全量还田混埋于耕层土壤中，腐解过程中与作物争氮，因而江苏省各地农艺指导意见明确在撒施基肥时，按还田秸秆重量比 1%的纯氮量多施氮肥。

3. 适用机具

适用机具 80 马力以上大功率轮式拖拉机（多数为四轮驱动，安装水田用高花纹轮胎）、铧式犁、液压翻转犁、旋耕机、反转埋茬旋耕机、履带自走式旋耕机、水田驱动耙、水田埋茬耕整机、水田耙浆平地机、液压调控折叠水田耕耙平整复式机、犁翻埋茬旋耙复式机、摆臂式化肥撒施机、有机肥撒施机。建议旱耕旱整含秸秆还田作业采用反转埋茬旋耕机，旱耕水整、水耕水整含秸秆还田作业采用旋耕机和水田埋茬耕整机（图 3-10 至图 3-15）。一般旋耕机每天按 60~90 亩/台的作业量配备，水田埋茬耕整机每天按 50~80 亩/台的作业量配备，反转埋茬旋耕机每天按 35~60 亩/台的作业量配备为宜，这样既能充分发挥机具的效能，又不耽误农时。

图 3-10 撒施基肥作业

图 3-11 用铧式犁翻耕埋茬作业

图 3-12　用液压翻转犁翻耕埋茬作业

图 3-13　旱旋耕埋茬作业

图 3-14　水耕埋茬作业

图 3-15　水耕水整作业

4. 农艺要求

夏季收割小麦适当留茬，秸秆切碎长度≤10 厘米，均匀抛撒于田面；旋耕将秸秆和有机底肥埋覆于土壤中，深度≥15 厘米，田表秸秆残留率≤15%；灌水泡田 1～3 天，以泡软秸秆、泡透耕作层、后续作业时田面无水层为宜；撒施稻作基肥时，应避免较深水层，防止肥料流失，推荐用水稻配方肥 25 千克/亩。拖拉机挂接撒肥机作业要调整好抛撒幅和抛撒量，做到抛撒均匀；采用水田耙浆平地机等平整，将秸秆全部埋压在泥浆中，达到插秧前大田平整，田间高差不超过 3 厘米。表面残茬漂浮率不超过 5%，大田沉实 1～3 天至泥水分清，一般黏性土壤耙整后应沉实 2～3 天，壤土沉实 1～2 天，砂性土壤沉实 1 天。秋季耕整根据茬口和墒情，采用旋耕灭茬或犁耕深翻的方式埋茬整地。犁耕深翻作业，要求土壤含水率≤35%，耕深≥22 厘米，秸秆埋覆率≥80%，碎垡率≥80%；旋耕灭茬作业，要求收割水稻留茬高度≤15 厘米，土壤含水率≤25%，耕深≥15 厘米，秸秆埋覆率≥80%。

（二）水稻机械化育秧插秧技术

江苏省主推水稻毯状秧苗机插技术，加快示范推广机插水稻集中育供秧，加大机械化育秧播种流水线推广力度（图 3–16）。

图 3–16　育秧播种流水线作业

1. 技术模式

（1）流水线播种秧池铺盘沟灌洇水育插秧技术模式（图 3 – 17 和图 3–18）。

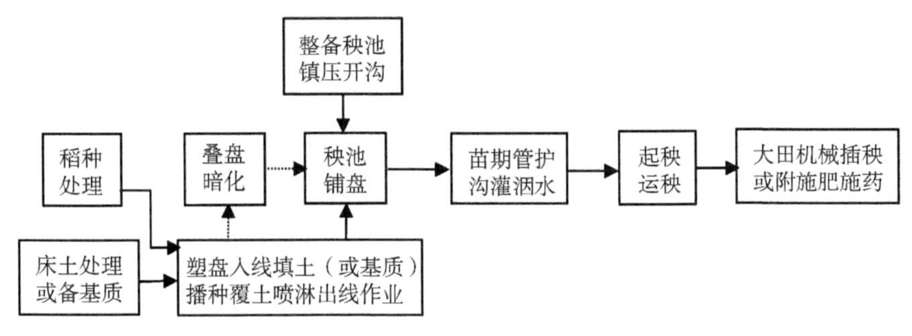

图 3–17　秧池铺盘沟灌洇水育插秧技术模式

（2）流水线播种秧池铺盘微喷灌育插秧技术模式（图 3–19 和图 3–20）。

图 3-18　秧池铺盘沟灌洇水育秧

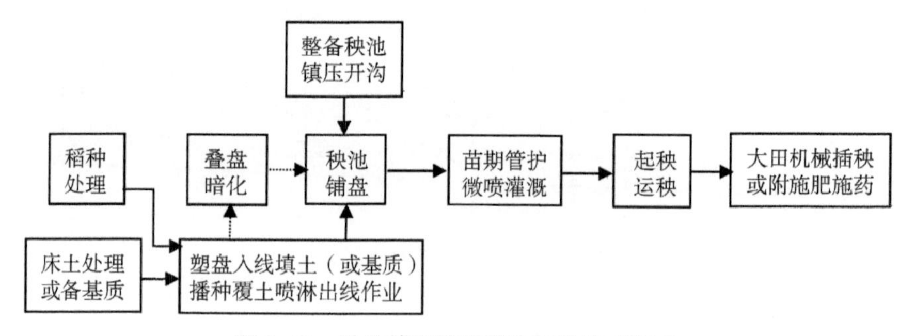

图 3-19　秧池铺盘微喷灌育插秧技术模式

图 3-20　秧池铺盘微喷灌育秧

(3) 流水线播种硬面场地铺盘微喷灌育插秧技术模式（图 3-21 和图 3-22)。

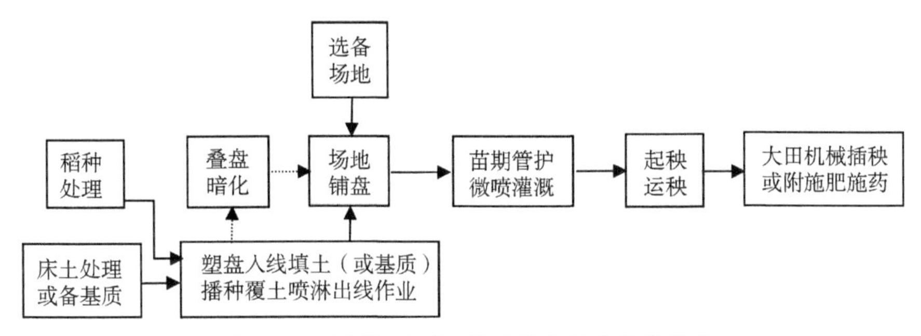

图 3-21　硬面场地铺盘微喷灌育插秧技术模式

图 3-22　场地铺盘微喷灌育秧

2. 技术特点和创新亮点

微喷灌溉秧池铺盘育秧是农机农艺融合新技术，全省多地应用推广。该技术节省了秧池占用的1%稻田面积和构筑工本，临时占用房前屋后或公共场所的水泥（或沥青）地面摆盘，不用无纺布覆盖，铺设塑料微喷管带，成本低，工效高，人工管护简单方便，若加智能控制微喷灌，更有保障育成壮秧。

针对育秧播种往秧田摆盘和育成秧苗的搬运作业量大而缺乏高效机具的问题，江苏研制开发了秧田用龙门式万向移动秧盘搬运架（图 3-23）和秧田用长距离无立柱秧盘输送机（图 3-24 和图 3-25），在生产中推广应用[36]。

图 3-23 龙门式万向移动秧盘搬运架辅助秧池铺盘作业

图 3-24 长距离无立柱秧盘输送机辅助秧池铺盘作业

图 3-25 长距离无立柱秧盘输送机辅助秧池起秧作业

自走式摆盘育秧播种技术和机具（图 3-26 和图 3-27）是国内发明的新技术、新产品，跟日系技术育秧播种流水线相比较，具有节省一半辅助劳力、作业效率更高的显著优点[37]。但主要问题是填土（或基质）、播种、覆土工序在封闭机壳内连续完成，播种质量不易监测，育秧风险不可控，尚需改进完善。

江苏省除西南低山丘陵区分散小块稻田还用手扶（步行）式插秧机外（图 3-28），各地普遍使用乘坐式高速插秧机（图 3-29），不少用户还自行改造附加施药功能，或购置使用带侧深施肥/施药功能的复式插秧机（图 3-30 和图 3-31）。

图 3-26　自走式摆盘育秧播种机（单盘型）在秧池作业

图 3-27　自走式育秧播种摆盘机（双盘型）在秧池作业

图 3-28　手扶式插秧机作业

图 3-29　乘坐式高速插秧机作业

图 3-30　机插秧附侧深施肥作业

图 3-31　机插秧附施药作业

3. 适用机具设备

适用机具设备：稻种处理设备（清选、浸种、催芽）、床土处理设备（碎土、筛选、拌肥、调酸）、镇压开沟机、水稻育秧播种流水线、自走式育秧播种摆盘机、灌排水泵、管带微孔式或立杆喷头式或悬架喷头式微喷灌系统、智能微喷灌系统、秧盘和秧块运输车辆机具、乘坐式高速插秧机、附加侧深施肥和喷药功能的乘坐式高速插秧机、手扶（步行）式插秧机。按机插秧每1 500~1 800 亩配备 1 套水稻育秧播种流水线。乘坐式六行插秧机按每天 45~55 亩/台的作业量配备台数为宜。

4. 农艺要求

稻种须选择适合当地机械化栽插的高产、稳产、优质品种，要求发芽率在90%以上，发芽势在 85%以上，播种前应进行清选、晒种和药剂浸种；稻种经清选脱芒、药剂浸种处理后，用浸种催芽机集中浸种催芽，调整设定好温湿度，种子达到破胸露白，芽长不超过 1 毫米为宜。按 1∶(80~120）的育秧/大田面积比准备秧池或硬面场地秧床，要保证秧池地势平坦、土壤肥沃、排灌方便，同时靠近大田以方便运秧；秧池畦面净宽 1.4 米、沟宽 0.2 米、沟深0.15 米，四周沟宽 0.3 米、沟深 0.25 米，铺盘前两天铲高补低，填平裂缝，并充分拍实，达到“实、平、光、直”的标准。一般每亩大田要准备 28 厘米×58 厘米规格的秧盘（30 厘米行距）30 张或 23 厘米×58 厘米规格的秧盘（25 厘米行距）36 张；床土可选用适宜本地区的营养土或育秧基质，并经过调酸、培肥和消毒。另需备好用于盖籽的碎土；准备好无纺布及少量芦苇秆或细竹竿用于覆盖秧盘。

根据水稻机插时间倒推确定播种期，江苏省单季稻一般 5 月中下旬至 6 月初播种，秧龄 15~20 天；推荐采用育秧播种流水线作业，根据插秧机栽插行距选择相应规格秧盘。播前做好机械调试，确定适宜种子播种量、底土量和覆土量，秧盘内底土厚 2.2~2.5 厘米，盖土厚 0.3~0.6 厘米，要求覆土均匀、不露籽。底土喷水须达到饱和湿润，且表面无积水，盘底无滴水；28 厘米×58 厘米规格秧盘每盘播芽谷 100~120 克，杂交稻宽行（30 厘米行距）秧盘播种量 70~100 克/盘，每亩 20 盘左右；23 厘米×58 厘米规格秧盘每盘播芽谷 85~105 克；播种要求准确、均匀、不重不漏。播种覆土后应洒水湿透表土；完成上述步骤进行叠盘暗化或直接将秧盘运至秧池/硬面场地顺序摆放，并覆盖无纺布。做好苗期温湿度、水肥药管理，待秧苗出土 2 厘米，出苗整齐，第一完全叶抽出后应根据天气情况通风揭膜炼苗；秧苗二叶一心之前，水分管理以湿润为主，之后采取旱育管理；秧苗一叶一心期时（播后7~8天）施好断奶肥，送嫁肥一般酌情施用；做好秧田期病虫害的防治。

育成秧块应盘根良好，四角垂直方正，不缺边，不缺角，提起不散，厚度2.0~2.5厘米，每1厘米^{2}成苗1.5~3株，苗高12~20厘米，叶龄不超过3叶1心，叶色鲜绿，无黄叶、无病虫。

根据水稻品种、栽插季节和秧盘选择适宜类型的插秧机，提倡采用高速插秧机作业，以提高工效和栽插质量。机插要求插苗均匀，深浅一致，栽足基本苗，单季杂交稻机插株距17~20厘米，每穴2~3株，每亩1.1万~1.3万穴；单季常规稻株距11~16厘米，每穴3~5株，每亩1.4万~1.9万穴。插秧深度一般0~4厘米，要求浅插而不漂不倒。漂秧率≤3%，伤秧率≤4%，漏插率≤5%，翻倒率≤3%，相对均匀度合格率≥85%，插秧深度合格率≥90%，平均株数不超过农艺要求的±10%株，邻间行距合格率≥90%。浅水活棵，适时露田排毒，促扎根；适时开沟，搁田。采用插秧侧深施肥一体机作业时可节约施肥量，不超过20千克/亩，且耕整田时无需撒肥。

（三）小麦机械化精量播种技术

江苏省主推小麦机条播技术，根据小麦品种、播期、秸秆还田方式、土壤条件及配套农艺技术的差异，合理选择作业模式和配套机具，加强稻秸秆机械化还田与小麦机条播技术的集成应用，加快小麦种植复式作业机械推广步伐。

1. 技术模式

（1）稻茬田复式机播技术模式（图3-32）。

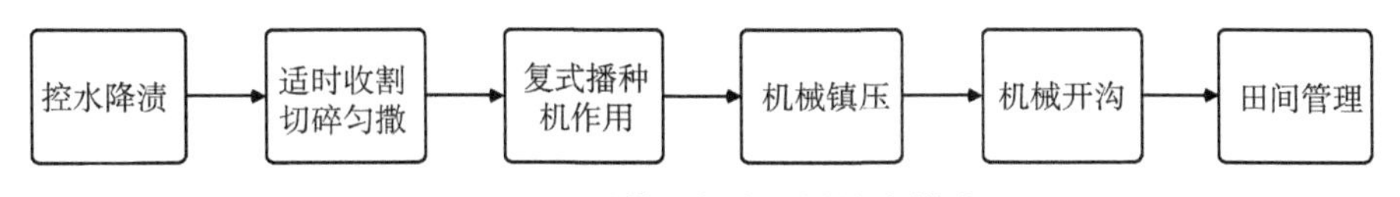

图3-32　稻茬田复式机播技术模式

（2）犁翻埋茬碎垡+复式机播技术集成模式（图3-33）。

图3-33　犁翻埋茬碎垡+复式机播技术集成模式

（3）旋耕灭茬+复式机播技术集成模式（图3-34）。

图 3-34　旋耕灭茬+复式机播技术集成模式

2. 技术特色和创新亮点

因稻草残茬还田，耕层土壤中混拌了大量碎草，空隙增多，冬麦播种后镇压是关键，一般复式作业机的镇压力度不够，需补加一次镇压作业。多家农机合作社改装手扶拖拉机成为自走式镇压机，改装轮式拖拉机成为镇压开沟复式机，作业效果良好。

近年来，江苏省在秋收秋种时节常遭遇连阴雨天气，冬麦机播难以下田作业。连云港市灌南县农机局指导农民在水稻收获前 7~10 天断水，及时在稻茬田开沟排涝降渍；另外，对旋耕埋茬施肥播种复式机进行局部改造，用 3 种方法取代镇压轮驱动，保障排种、排肥机构正常作业。常州市金坛区农艺和农机部门紧密融合，对“秋播难”指导多种处变模式：一是先开沟降渍，用离心式撒肥机在稻茬田上撒种撒肥，后用旋耕灭茬机作业；二是在水稻收割前 2~3 天，将麦种、肥料播撒在稻田里，然后收割水稻，尽量缩短共生时间，再行浅旋耕和开沟；三是将旋耕埋茬施肥播种镇压开沟复式机的排种管和镇压辊卸除，改机条播为机撒播。

3. 适用机具

适用机具：大中功率的轮式拖拉机、化肥撒施机、种子拌药包衣机、旋耕埋茬条播机、旋耕埋茬施肥条播机（图 3-35）、手扶拖拉机前置旋转开沟机（图 3-36）、轮拖挂接旋转开沟机（图 3-37）、旋耕埋茬施肥播种开沟镇压复式机（图 3-38）、智能旋耕施肥播种机[38]。按照旋耕施肥播种机每天 80~100

图 3-35　旋耕埋茬施肥条播机作业

图 3-36　自走式手扶镇压机作业

亩/台的作业量配置机械数量。

图 3-37　轮拖挂接旋转开沟机作业

图 3-38　旋耕埋茬施肥播种开沟镇压复式机作业

4. 农艺要求

麦种必须选用高产、稳产、多抗、广适半冬性或弱春性品种。麦种质量应符合 GB 4404. 1—2008《粮食作物种子　第一部分：禾谷类》规定的指标：种子纯度≥99. 0%，净度≥98. 0%，发芽率≥85%，水分≤13. 0%。播种前对麦种进行包衣或药剂拌种处理，50%辛硫磷乳油 50 毫升+15%三唑酮 75 克+水 3 千克搅匀，拌麦种 50 千克，边喷边拌，拌后稍等晾干后播种。半冬性品种的适宜播种期为 10 月中下旬，播种量 6~7. 5 千克/亩；春性品种宜于 10 月下旬至 11 月上旬播种，播种量为 7~8. 5 千克/亩。如播种期推迟，可适当增加播种量，每推迟 3 天，增加播量 0. 5 千克/亩。基本苗数 12 万~14 万株/亩，最多以不超过所选用品种适宜亩穗数的 80%为宜。要求播量精确、下籽均匀，播种深度 2~3 厘米，不漏播，无重播，覆土均匀严密不露种；适墒适苗镇压 3 次，即播后镇压、冬前镇压和春后镇压。麦田畦沟、腰沟、围沟的深度须分别达到 20 厘米、25 厘米、30 厘米，与田外沟的沟系配套且畅通[39]。

（四）机械化田间管理技术

江苏省根据目标产量及土壤肥力，配套完善稻田水浆管理、肥料运筹等关键技术，增强高效植保机械服务能力，积极开展绿色防控与统防统治融合示范创建活动，重点发展高效植保机械化技术，加快推广自走式高地隙喷杆喷雾机、无人植保飞机等先进适用的植保机械，逐渐淘汰老旧、低效的喷雾机，不断优化农机装备结构，发展绿色农业。

1. 技术模式（图 3-39）

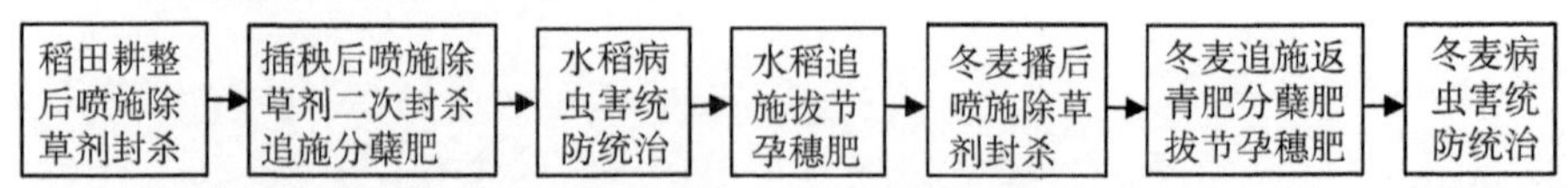

图 3-39　机械化田间管理技术模式

2. 适用高效机具

适用高效机具：自走式高地隙喷杆植保施肥机（图 3-40）、无人植保飞机/遥控低飞喷雾机（图 3-41）、担架（或推车）式远射程动力喷雾机、自走式远射程动力喷雾机（图 3-42 和图 3-43）[40]。一般自走式高地隙喷杆喷雾机以每防治期 800~1 000 亩/台的作业量配备，担架式（推车式）机动喷雾机以每防治期 200~300 亩/台的作业量配备，无人植保飞机以每防治期 1 000~1 300 亩/架的作业量配备为宜。

图 3-40　自走式高地隙喷杆植保施肥机作业

图 3-41　遥控低飞喷雾机作业

图 3-42　自走式远射程动力喷雾机作业

图 3-43　远射程动力喷雾机作业

3. 技术特点

自走式高地隙喷杆植保施肥机较适合喷洒低浓度大水量药剂的除草封杀和追肥，无人植保飞机较适合喷洒高浓度低量药剂除虫治病，江苏省西南低山丘陵地区分散小田块植保作业常采用远射程动力喷雾机。

4. 农艺要求

稻作水浆管理，移栽后在返青期保持 1~3 厘米浅水层。分蘖期湿润灌溉，全田茎蘖数达到预期穗数的 80%~90%，及时排水搁田，分次轻搁，使土壤沉实不陷脚，叶片挺起，叶色显黄。孕穗期保持浅水层，湿润灌溉。灌浆成熟期间，歇灌溉、干湿交替。收获前 7 天左右断水。科学追肥，分蘖肥于机插后 7~10 天施尿素；拔节孕穗肥依据水稻群体大小、叶色深浅、生育进程施用配方肥+尿素，施肥后保持浅水层。

稻作杂草防控采用两次封杀技术：在机插前 1 周内结合整地，施除草剂封杀杂草，施药后保水 3~4 天；机插后 1 周内根据杂草种类结合施肥施除草剂，施药时水层 3~5 厘米，保水 3~4 天。有条件的地区在机插后 2 周采用机械中耕除草，除草时要求保持水层 3~5 厘米。冬前是麦田化学除草的有利时机，开春后适时补除。

麦作对受冻害的麦田需及时追施返青肥尿素补救，拔节肥施用小麦专用肥+尿素，孕穗肥视苗情施用尿素，灌浆期适量喷叶面肥。对于群体较大、有倒伏风险的麦田，应在起身拔节前每亩喷施 0. 25%~0. 40%矮苗壮 60g 或 15%多效唑可湿性粉剂 50~75 克。拔节至孕穗期发现有倒伏风险的田块，可在孕穗至抽穗期间喷施劲丰 100 毫升/亩，降低植株重心防倒伏。

坚持“预防为主，综合防治”的方针，根据植保部门的预测预报和防治要求，对症下药，控制病虫害发生。同时，还提倡高效、低毒和精准施药，减少污染。稻作重点做好稻瘟病、稻曲病、纹枯病以及稻纵卷叶螟、稻飞虱、螟虫等病虫害的绿色防控；麦作重点做好锈病、纹枯病、白粉病、赤霉病以及蚜虫、黏虫等病虫害的防治。自走式高地隙喷杆植保施肥机作业时，喷药口与作物保持 30~40 厘米距离，并根据用药量确定机具行走速度，同时规划好行走路线，避免漏喷、重喷。

（五）机械化收获及秸秆处理技术

江苏省重点发展高性能联合收割机，加快老旧收割机更新换代，优化装备结构，确保机具存量满足实际生产需求，不断提高收获作业质量和使用效率，确保粮食丰产丰收。积极拓展秸秆能源化、原料化、饲料化等多种利用方式，加快示范推广秸秆捡拾打捆、固化成型、编织加工、青贮等机械与技术，提高秸秆处理机械化水平。

1. 技术模式

主要包括联合收获+秸秆切碎匀抛还田技术模式（图 3-44）、联合收获+秸秆离田综合利用技术模式（图 3-45）。

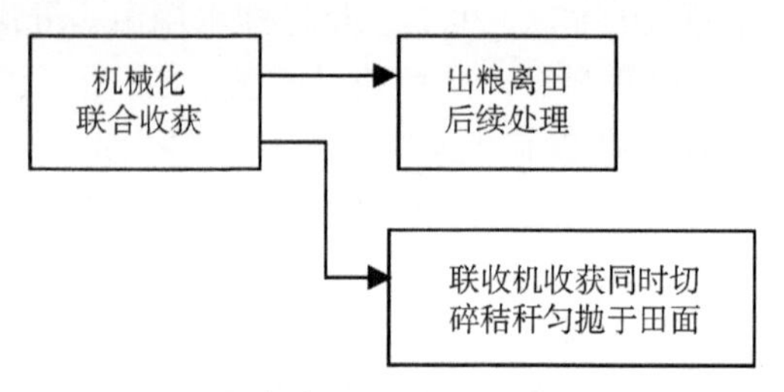

图 3-44 联合收获+秸秆切碎匀抛还田技术模式

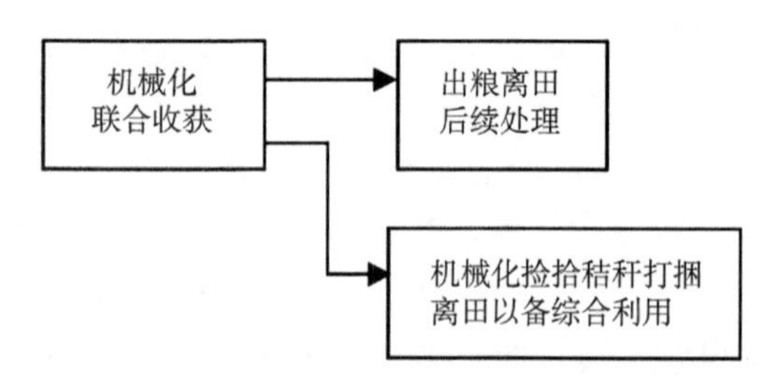

图 3-45 联合收获+秸秆离田综合利用技术模式

2. 适用机具

适用机具：履带自走式全喂入/半喂入稻麦联合收割机（附大粮仓及自卸搅龙和秸秆切碎装置）（图 3-46 至图 3-49）、轮式全喂入联合收割机（附秸秆切碎装置）（图 3-50）、履带自走式稻麦秸秆捡拾压捆机（图 3-51）、轮拖配套秸秆捡拾压捆机。一般半喂入联合收割机以每天 50~70 亩/台的作业量配备，履带式全喂入联合收割机以每天 20~50 亩/台的作业量配备，轮式全喂入联合收割机以每天 60~80 亩/台的作业量配备。

3. 技术特点

凡农艺要求稻麦秸秆在收割同时切碎匀抛、全量还田的，一般采用购置成本低的全喂入联合收割机；需提早收割水稻但稻秆尚青涩而脱粒负荷重的、作

图 3-46　联合收割机附秸秆切碎装置

图 3-47　履带自走式全喂入联合收割机收获冬麦作业

图 3-48　履带自走式全喂入联合收割机收获水稻作业

图 3-49　履带自走式半喂入联合收割机收获水稻作业

图 3-50　轮式全喂入联合收割机收获冬麦作业

图 3-51　履带自走式稻麦秸秆捡拾压捆机作业

物倒伏严重的以及需保留稻草整秆以备综合利用的场合，宜用半喂入联合收割机。

4. 农艺要求

水稻收割前7~10天断水晾田，当水稻多数稻穗变黄（粳稻95%以上籽粒转黄，籼稻90%以上籽粒转黄）进入完熟期即可进行机械收获，适期收割腾茬，不滞养老稻，确保稻麦轮作茬口适宜衔接，选择晴好天气，及时收割。留茬高10~15厘米，稻草切碎匀撒于田面，切碎长度≤10厘米；全喂入稻麦联合收割机总损失率≤3.5%，含杂率≤2.5%，破碎率≤2.5%；半喂入稻麦联合收割机总损失率≤2.5%，含杂率≤2.0%，破碎率≤1.0%。冬麦抢收腾茬，5月下旬到6月上旬冬麦蜡熟末期至完熟初期为适宜收获期。联合收获过程中，收割损失率≤2%，漏割率应≤1%，脱净率≥98%，麦粒含杂率≤2.5%。收获总损失应≤3%，采用小麦联合收割机自带粉碎装置对秸秆直接切碎，并均匀抛洒覆盖于地表；留茬高10~30厘米，麦秸切碎长度≤10厘米，切断长度合格率≥95%；抛撒不均匀率≤20%；漏切率≤1.5%。

（六）机械化烘干技术

江苏省积极鼓励农机合作组织和种田大户采用机械化烘干技术，提高粮食烘干能力。坚持收储烘干与产地烘干协调推进，科学布点区域性烘干中心，粮田按照500亩/台配备烘干机，在产地合理规划配置烘干装备。发展先进适用烘干技术，重点推广节能、环保型的低温循环式烘干机，加快建立机械化烘干示范基地，逐步提高粮食干燥处理机械化水平。

1. 技术模式（图3-52）

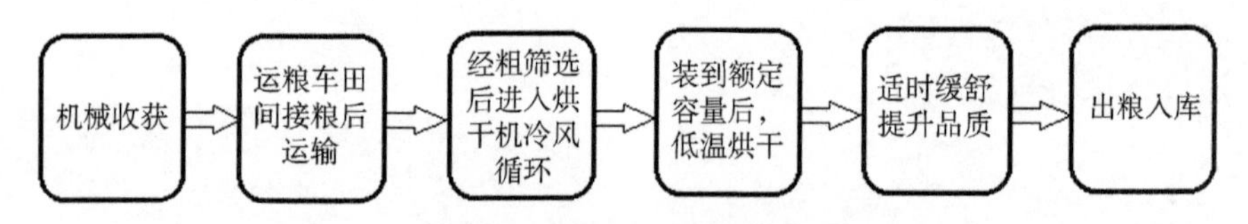

图3-52　机械化烘干技术模式

2. 适用机具

适用机具：低温循环式烘干机、热风炉［燃煤式、燃气式、生物质燃料式（图3-53）、燃油式、电热/空气能热泵式］，配套有斗式提升机、圆筒筛、刮板输送机、带式输送机、铲运机等。一般12吨谷物烘干机（图3-54）以每季 300~500 亩的水稻、400~600 亩的小麦烘干量配备 1 台为宜。

图 3-53　生物质燃料烘干机组

图 3-54　稻谷麦粒烘干作业

3. 农艺要求

避免带露水收割，要求谷物进机前水分<30%，并须进行粗筛选，去除杂物，以防堵塞烘干装备。小量进料，确保烘干机进料畅通；烘干麦粒时进料不宜过满，以防爆仓；稻麦烘干速率不宜过快，一般控制在每小时 0.7%~1.2% 为宜。食用稻谷温度不宜超过 60℃，麦粒控制在 60~65℃，高水分小麦（含水率>25%）不宜用高温干燥，建议热风温度≤30℃；种温不宜超过 40℃；为提高烘干机利用率和粮食品质，宜采取二段式烘干，两段之间将谷物放出机外缓舒。稻麦烘干至粮食收储标准：含水量为籼稻≤14%、粳稻≤15.5%、小麦≤13%；爆腰率增加值≤3.0%，干燥不均匀度≤1.0%，破碎率增加值≤0.5%；色泽、气味正常。

三、玉米小麦周年生产全程机械化技术模式

江苏省夏玉米种植面积在 700 万亩左右，主要分布于淮北地区徐州、宿迁、连云港三市的黄淮海平原高亢旱地，收获籽粒大部分做饲料用。连作冬麦面积少于玉米，约 420 万亩[41]。当前实施的玉米冬麦周年生产全程机械化技术流程如图 3-55 所示（机具配置方案见附件 2）。

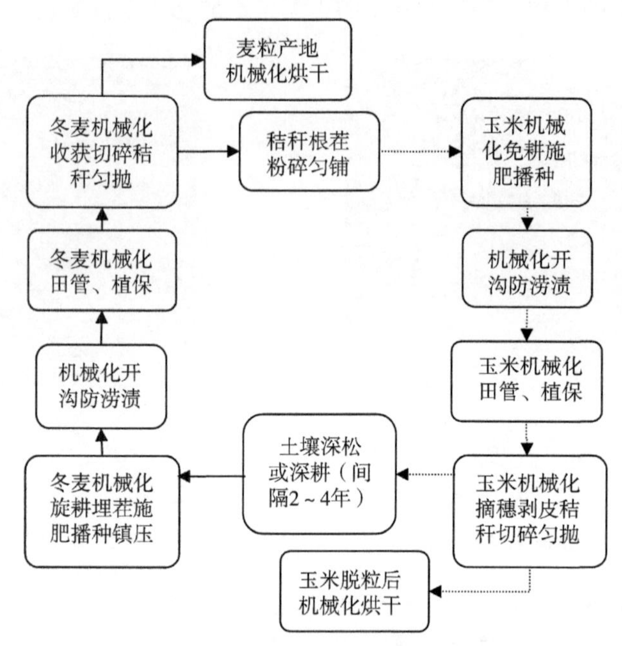

图 3-55　玉米小麦周年生产全程机械化技术模式

（一）玉米免耕播种技术

江苏省按照标准化、规模化种植要求，大力推广麦茬玉米免耕精量施肥播种等机械化技术。

1. 适用机具

大中型拖拉机配套甩刀式秸秆粉碎机（图 3-56）和玉米免耕施肥播种机（图 3-57）。

2. 技术特点

大中型拖拉机配套防堵和防缠绕性能好的玉米免耕施肥播种机，一次完成破茬、开沟、施肥、播种、覆土和镇压作业。

3. 农艺要求

冬麦收获时，全喂入联合收割机必须开启或加装秸秆切碎匀抛装置；半喂入联合收割机开启秸秆切碎装置，加装匀抛装置，留茬高度低于 20 厘米。麦秸切碎长度不超过 10 厘米，麦秸在田间抛撒均匀，杜绝麦草堆积现象。对冬麦秸秆和根茬粉碎作业，保持刀辊高转速，刀具无需入土，使秸秆根茬

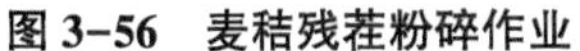

图 3-56　麦秸残茬粉碎作业

图 3-57　玉米免耕施肥播种作业

达到粉碎程度，均匀覆盖于地表。而后进行玉米免耕施肥播种覆土镇压复式作业，防堵防缠绕，化肥侧位深施，开播种沟较小，土壤水分损失少，利于抗旱保苗。适时播种，合理密植一般为 4 500~5 500 株/亩，播种量一般为 2.5~3 千克/亩，播种深度 3~5 厘米，沙土和干旱地块适当增加 1~2 厘米，施肥深度一般为 8~10 厘米。每亩施用含量（15-15-15)%的复合肥 35~45 千克。

（二）土壤深松深耕技术

深松是在不翻动土层前提下对土壤进行疏松的作业（图 3-58 和图 3-59），达到破拆耕底层，加深耕作层，增加土壤的透气性和透水性，为玉米这样的深根系作物生长创造良好条件。各级政府部门以财政奖补推动，按保护性耕作技术原理，提倡间隔 2~3 年深松一遍。

图 3-58　土壤深松作业

图 3-59　犁翻深耕作业

1. 适用机具

适用机具：大功率拖拉机配套齿杆式间隔深松机（凿铲式深松机）或深松联合作业机、铧式犁、液压翻转犁。深松机相邻两铲间距不得大于2.5倍深松深度。

2. 农艺要求

适宜深松作业的土壤含水率15%~25%，深松深度一般为30~40厘米，稳定性≥80%，土壤膨松度≥40%。深松后的裂沟应及时以浅旋耕合墒，作业后地表平整、无漏松和重松，适度连续镇压。翻耕适宜作业条件为土壤含水率15%~25%。耕深≥20厘米，深浅一致，无重耕或漏耕。犁沟平直，垡块翻转良好、扣实，以掩埋杂草、肥料和残茬。耕翻后，及时进行整地作业，要求土壤散碎良好，地表平整，满足播种要求。

（三）小麦复式播种技术

江苏省主推小麦机条播技术，根据小麦品种、播期、秸秆还田方式、土壤条件及配套农艺技术的差异，合理选择作业模式和配套机具，加快小麦种植复式作业机械推广步伐。

1. 适用机具

适用机具：大中功率拖拉机配套小麦旋耕埋茬施肥播种镇压复式作业机（图3-60）、镇压开沟机。

图3-60 旋耕埋茬施肥播种镇压复式作业

2. 农艺要求

播种前的种子药剂处理是防治地下害虫和预防小麦种传、土传病害以及苗期病虫害的主要措施。应根据当地病虫害发生情况选择高效安全的杀菌剂、杀虫剂，用包衣机、拌种机进行种子机械包衣或拌种，以确保种子处理和播种质量。适期播种，旱地播种应掌握有墒不等时，时到不等墒的原则。适量播种，播量一般控制在 6~8 千克/亩，基本苗控制在 12 万~15 万株/亩，晚播麦田适当增加播量；调整播量时，应考虑药剂拌种使种子重量增加的因素。播种深度为 3~5 厘米，要求播量精确、下种均匀，无漏播，无重播，覆土均匀严密，播后镇压效果良好。肥料施用量一般 40~50 千克/亩，应深施在种子正下方或侧下方 3~5 厘米处，肥带宽度宜在 3 厘米以上。

（四）高效植保技术

1. 适用机具

自走式高地隙喷杆植保施肥机（图 3-61 和图 3-62）、无人植保飞机（遥控低飞喷雾机）、担架式（或推车式）或自走式远射程动力喷雾机、小型管理机（用于玉米行间追施复合化肥）。

图 3-61　淮北麦田自走式高地隙喷杆植保机作业

图 3-62　玉米田自走式喷杆植保机作业

2. 农艺要求

小麦拔节期和抽穗期是病虫害防治的两个关键时期，应根据植保部门的预测预报，选择适宜的药剂和施药时间；追肥根据苗情长势而定。夏玉米主要防治种传病害、土传病害、地下害虫和草害，如粗缩病、苗枯病、枯萎病、黑粉病、蛴螬、金针虫、地老虎和各类杂草等；正确选择农药及剂型，依先药后水原则合理喷药。施药时间选在早晨或傍晚。采用喷杆式喷雾机进行防治作业，做到均匀喷洒，不漏喷、不重喷、无滴漏，以防出现药害，交接行重叠量不大于工作幅宽的3%，同一地块同种作物应在3天内完成一遍作业；风力超过3级、露水大、雨前及气温高于30℃不宜作业。

（五）联合收获技术

江苏省按照标准化、规模化种植要求，因地制宜确定玉米机械化收获技术路线和适宜机型，加大专用自走式玉米联合收获机推广力度。

玉米摘穗剥皮加秸秆切碎抛撒是主要的机械化收获模式，机收水平已达90%以上。因收获时一般穗粒含水率大于35%，国内市场尚无玉米籽粒联合收获机产品能达到湿脱粒不损伤籽粒的性能要求[42]。

1. 适用机具

附有秸秆切碎抛撒功能的自走式玉米专用摘穗剥皮收获机、专用割台（图3-63）。

图3-63 玉米摘穗剥皮收获+秸秆残茬粉碎作业

2. 农艺要求

玉米收获时的籽粒含水率一般高于25%，不能直接脱粒，所以一般采取分段收获的方法。用玉米联合收获机，一次完成摘穗、剥皮、集穗，同时进行茎秆处理（切段青贮或粉碎还田）作业。要求果穗损失率≤3%，籽粒破碎率≤1%，苞叶剥净率≥85%，割茬高度≤8厘米，茎秆切碎长度≤10厘米，抛散不均匀率≤20%。适时晚收，确保完熟，增加粒重。

（六）低温烘干技术

玉米穗经晾晒干燥，水分降至18%以下时，再用固定式机械湿脱粒，最后进入烘干机（图3-64）。

图 3-64　玉米籽粒烘干作业

1. 适用机具

适用机具：玉米果穗干燥机、机动脱粒机、低温循环式烘干机及配套机具设备。

2. 技术特点

因玉米籽粒较大，内含水分蒸发面积相对较小，目前很多国产品牌的低温循环式烘干机适用于烘干稻谷麦粒，而不适宜烘干玉米籽粒。

3. 农艺要求

烘干前应清选，含杂率≤2%，其中花丝、苞叶、玉米芯含量≤0.1%；饲料用玉米热风温度≤60℃，玉米种子热风温度≤30℃，降水速率控制在每小时0.8%以下，保障发芽率不降低，不发生籽粒胴裂现象。达到玉米安全储藏标准要求的水分低于14%。

四、粮食生产主要环节机械化的问题分析与对策

（一）机械化耕整及秸秆还田

江苏省粮食生产主要采用水旱轮作的稻麦两熟制，茬口紧，秸秆量大，如何抢农时实施秸秆全量有效还田，为下茬作物适期播栽构建合理的耕层结构，是迫切需要解决的关键问题。多年来普遍采用旋耕，耕层较浅，一般达不到15厘米，秸秆残茬难以有效埋覆，秸秆与土壤混拌并富集于播种层或浮于田表，影响下茬小麦播种出苗、安全越冬和水稻栽后活棵返青，造成作物根系难

以下扎，后期容易倒伏，影响机械化收获作业和丰产。

采用深耕深翻，将秸秆翻埋深度至15厘米以下，可有效解决秸秆全量还田问题，达到持续培肥地力，减施化肥、提质增效的目的，需要研制加深型旋耕机及与犁翻配套的秸秆还田耕整地技术，实现秸秆深埋、田表清洁；针对大量秸秆还田后不容易快速腐熟降解等问题，需研制适应不同地区、不同茬口的秸秆生物腐熟剂，在深埋还田作业时施入，以促进腐熟，降低秸秆分解释放的有害物质对后茬作物生长发育的影响，实现秸秆持续还田。

（二）机械化播栽

目前毯状苗机插秧是适应江苏省大部分地区的水稻高产稳产技术。机插秧的难点和风险在育秧，需重点关注提升育秧播种的精度与均匀性，培育适宜机插的健壮秧苗，解决密播导致苗细苗弱、苗期病害滋生、降低秧苗弹性，以及栽插伤秧多、漏插率高、活棵缓苗慢的难题；随着规模化集中育供秧的逐步发展，加快配套育秧生产装备机械化、自动化、智能化建设尤为迫切。目前，一条播种流水线满负荷生产，从喂盘、铺土、播种、运盘、田间摆盘、覆盖，需要20人辅工，生产组织上难以应对，急需解决用工多、用工难、用工贵、效率低的难题；配备机械化清选脱芒、浸种催芽技术装备，完善叠盘暗化出苗、硬面场地铺盘水肥药微喷、滴灌技术，促使齐苗、全苗、壮苗；切实加强育秧技术的培训与指导，将育秧的每一环节、每一技术细节落实到位，全面提升苗期管理水平，有效防范大面积规模化育供秧的风险，尤其是遭遇不良天气，须防大面积的病苗、死苗，以免造成无苗可插。

稻麦两熟种植，茬口紧张，随着长生育期优质粳稻品种的推广应用，加剧了这一情势。如何协调稻麦两熟季节茬口矛盾，实现周年优质高产，是江苏粮食生产再上新台阶必须切实解决的课题。长秧龄毯苗机插可以延长秧龄、缩短大田生育期10天以上，但现有插秧机宜选秧龄20天、株高20厘米左右的中小苗，若移栽长秧龄毯苗容易造成“搭桥、推秧、伤秧”等问题，不利于秧苗栽后正常发育生长。水稻长秧龄大苗移栽技术是我国多熟制地区水稻生产的特殊需求，国内外缺乏可借鉴的经验，因此必须根据我国水稻生产特色开展技术攻关，从育秧播种到机械化移栽系统地考虑，重点攻克低播量均匀对位育秧播种、大苗壮秧培育、秧苗精确移送、低损伤切块取苗、大苗分插立苗技术。这应是解决稻麦两熟周年生产季节茬口矛盾的有效措施。

水稻钵苗摆栽属于高产栽培新技术，替代无序抛秧走向精确有序化移栽，结合了插秧的成行成距、插深稳定和抛秧的大苗壮秧、植伤轻、缓苗快的优点，是具有综合优势和发展潜力的技术。该技术正处于示范推广阶段，其制约因素是技术装备购置价格高、使用成本高，投资回报期长，用户难以承担。若要生产上大面积地推广应用，必须解决机具价格高、使用成本贵的问题。重点是以低成本软盘替代高价格硬盘；以轻简化取苗、送苗、栽苗一体化机构替代顶苗、送苗、栽苗独立分体式机构，在保持技术先进性的同时，着力提升其经济性、实用性和可靠性，若是其成本能降低到目前机插秧的水平，将有可能全面替代机插秧。

江苏省是中籼稻优势产区，籼米品质全国最好。杂交籼稻生育期短、节水节肥、产量高、米质优、不愁销路，农户种植积极性高，却无配套的育插秧技术装备。杂交籼稻的机械化移栽要求单少粒、精确定位播种育苗，能在稀播、匀播条件下根系盘结成毯；栽插时要求精准切块取苗，若不能按播种位置精确移送、取苗，则容易造成漏插、伤秧，导致基本苗不足，影响产量。现在的育插秧技术适用于常规稻大播量育秧、每穴多株栽插，难以满足杂交籼稻的要求，抑制了江苏籼稻优势潜力的充分发挥。因此，目前需重点突破单粒精确定位播种技术、稀播成毯壮苗培育技术、按播种位置精确移送秧技术、精确切块取秧栽插技术，实现播一谷、成一苗、插一株。籼型杂交稻单少本栽插技术本质上是要求对现有常规稻育插秧技术模式由模糊、随机到精确、定量地播种、移送、取苗、栽插技术的创新突破和提升完善。

江苏省稻茬麦总体呈现茬口偏晚，播种季节偏紧的趋势，做到适期播种最为关键。近年来，秋收秋种季节多遭遇连续阴雨天气，田间排水不畅、积水湿烂，收获机械难以下田适期收获，下茬小麦播种机械难以适时下田作业，造成迟播晚播，加大播量，而造成群体恶化、茎秆柔弱、容易倒伏，影响小麦品质和产量的问题。急需从前茬作物入手，实施稻田机械化开沟技术，做好稻田内外沟系的配套，实现水稻生长期的干湿交替、好氧灌溉。遇到连阴雨天气，可及时排干田间积水，进行水稻收获，避免烂耕烂种，抢抓播种进度。对于土壤黏重潮湿的稻茬麦种植地区，通过耕翻埋覆秸秆还田难度较大，应研究开发板茬少免耕小麦精量播种技术，实现少动土、不埋茬的轻简化小麦播种。在播种层没有秸秆干扰条件下，既达到播深稳定、化肥深施、秸秆匀铺覆盖的要求，又达到种土密实、适墒播种、一播全苗的目的。对于秸秆全量翻埋还田的种植区，在土壤、秸秆混拌条件下，着力突破精量播种、播深稳定、化肥深施、主动式防壅土、防缠草技术，实现种肥同施，播施量精准可调，防止深籽、露籽、丛籽、漏籽和架空，确保一播全苗，实现齐苗、匀苗、壮苗。

夏玉米的播种时，应当充分利用好前茬麦田配套沟系，采用板茬少免耕、圆盘式开沟播种施肥机械，解决犁刀式开沟器堵塞问题，一次完成开沟、施肥、播种、镇压作业。玉米育苗移栽时，可培育壮苗，争取早播早栽早熟，促进玉米足苗、壮苗、壮秆大穗，有利于协调增加密度与提高整齐度的矛盾，促进玉米个体与群体协调发展，增产增效较为显著，尤其是在鲜食玉米生产中，应用该技术能使玉米早播 20 天左右，鲜穗提早上市，种植经济效益较好；玉米育苗移栽同样也可应用于青贮玉米生产中。在江苏省温光资源适宜地区，筛选优良新品种，有望提高复种指数，通过育苗移栽可以连种两熟鲜食玉米或青贮玉米，玉米机械化育苗移栽技术与装备的研发应紧跟需求步伐。

（三）机械化田间管理和植保

江苏省稻麦秸秆以还田利用为主，为了防止秸秆腐熟过程耗氮影响壮苗，一般在基肥中增施氮肥，稻秧移栽后灌水生长，还田麦秸腐烂释放有害气体富集水稻根部，造成水稻僵苗，农艺上采用排水搁田通气的方法排除有害气体；而且主要依赖化学除草剂除草，稻麦两作施用 2~3 次，长期过量施用化学除草剂，导致破坏生物群落和杂草产生耐药性，对环境、生态的损害是不可逆转的。农田灌排随水排走的有溶入的基肥、增施的氮肥、秸秆腐烂释放的废水以及施入的除草剂。大量的农业肥水、污水进入江河湖海，极易造成严重的面源污染。江苏省应大力推广化肥深施技术、开发新型缓控释肥和生物肥料，开展秸秆机械还田无害化高效利用技术研究，增加农田有机质的投入和管理，还应加大对机械化除草技术的研究，加快对化学除草剂的替代；在耕作制度上，要因地制宜进行倒茬轮作，水旱轮作，提倡冬季种植绿肥，以根治草害，培肥地力；大力发展以改善生态环境、提高资源利用率为主控目标的可持续生产技术体系。

随着农业规模化经营的发展和农业高效统防统治的要求，生产上急需大型、宽幅、自走式高效植保机械，应着力突破抗漂移雾化技术、静电喷雾技术、立体对靶防治技术，增强防治效果，降低农药施用量；增大植保无人飞机载药量和续航能力，开发适应植保无人飞机的高浓度、低毒性、超低量施用的高效农药，研究与植保无人飞机旋翼气流场配套的喷雾技术，实现植保无人飞机的高效立体防治。

江苏作为农业大省、优质粮食主产省，需组织全省土壤普查，摸清土壤家底；设立土壤健康研究专项，开展土壤健康诊断、土壤健康维护与保育技术、土壤-作物-人体健康互作关系等研究。针对化肥、农药随意、过量使用，制定符合绿色生态发展、更加严苛的化肥、农药生产和使用标准，促使化肥、农药科技进步，提高环境相容性、降低毒性和副作用；进一步细化、规范化肥、农药的使用和操作，提高用药用肥的科学性，达到绿色增效、减肥减药的预期目标。

在全省示范推广粮食作物“种苗处理+生态控制+生化调控”绿色防控技术模式，继续加大生物农药、害虫天敌、性诱杀与迷向产品等绿色防控物资补贴力度，大力推行“双替代”行动，促进高效低毒低残留农药和高效植保机械的推广应用。

（四）机械化收获及秸秆粉碎匀抛

近年来，江苏省水稻秋收时节多遭遇连续阴雨天气，稻田浸水湿烂，收割作业时即使是履带式收获机也容易下陷打滑。解决的办法有以下几种：一是，应解决收获机在湿烂田块的通过性问题；二是，针对规模化经营、季节茬口紧的特点，开发高速、宽幅收获机型，满足大面积抢收的要求；三是，针对杂交稻、超级稻等高产水稻品种的推广应用，研发适应高温、高湿、大喂入量作业的收获技术及适应倒伏作物的收获技术；四是，研究适应多种作物的通用、兼用机型，适应江苏省多熟制、多品种作物的收获需求。

以机械化籽粒收获为突破口，开展玉米全程机械化生产技术研究，建立适应现代玉米生产规模化种植的栽培技术体系，推动玉米机械化向更大规模、更高水平发展。同时，根据市场发展需要，加大青贮玉米和鲜食玉米的发展力度，促进玉米生产向多元化方向发展；在光热资源不足的地区，促进玉米生产由“粒用”向“整秸青贮玉米”转变，实现农牧结合与协同发展，提升玉米产业优势和竞争力。

收获机械动力需要增加，普及切碎、匀抛装置，达到秸秆切碎长度 10 厘米以内，留茬高度 10 厘米以下，实现碎草一致、抛撒均匀。针对高留茬收获的田块采用秸秆粉碎机进行二次粉碎，提高碎草匀铺效果和还田质量。

（五）机械化烘干

随着规模化经营的发展，短期内机械化集中收获，晾晒谷粒所需人工及晒场难以应付，为了保障种粮收益和谷粒品质，急需大面积上马粮食产地烘干及仓储设备。江苏省多熟制、多作物的生产特点，对烘干机械提出了一机多用、通用性的需求，烘干工艺、烘干控制技术需要适应这一需求的变化。目前，大部分粮食烘干设备采用燃煤作燃料，虽然热值高、成本低，经济好用，但大部分烘干中心邻近村庄、村民居住区，污染环境，影响健康，因此，还需研究如何降低烘干用电、燃油、燃气的消耗，降低生物质燃料的制备成本、提高热值，实现烘干燃料高效与环保的兼顾。

烘干设备一次性投入大，同时存在建设用地难解决的普遍问题。发展烘干机械化，急需政府的农业、农机、财政、国土、规划等多部门协调，加大政策扶持，针对种植大户、家庭农场、农机/农业合作社等新型经营主体购置烘干设备提供专项补贴。做好烘干仓储的规划布局，有序布点，制定建设标准，协调解决用地问题，加强资金引导，分区域建设一批标准化、规范化烘干中心，以降低粮食霉变风险，保障粮食安全。

（执笔人：夏晓东　祁兵　纪要　夏倩倩　扈凯）

第四章　江苏粮食生产机械化管理服务模式

本章对我国农机社会化服务发展历程及特征进行文献回顾，分析江苏省推动粮食生产全程机械化过程中以社会化服务为抓手的管理服务模式特征，并以如皋、金坛、江都、灌南、泰兴、泗阳、张家港、江阴的典型社会化服务模式为例，进一步分析不同典型模式的运行机制和绩效。

一、农机化生产管理服务模式特征

我国农业机械化的发展基础是农机社会化服务。自我国开始推动以家庭承包经营为核心的农村改革，允许农民个人或联户购置农机具，使得农民逐步成为农机经营的主体，才逐步有了农机服务的市场化。我国的农机社会化服务发展起步较晚，始于20世纪90年代的跨区机收小麦。由于收割机单价较高，单个农户很难买得起收割机，于是部分农户想到了通过合作的方式购买，并参与跨区作业，赚取利润。1997年农业部、公安部、交通部等部门联合成为机收小麦工作领导小组，给予联合收割机配备《跨区作业证》，实行免收过路过桥费等系列政策，农机跨区作业面积逐年扩大，得到了各级领导和社会的广泛关注，被誉为“农业现代化的一道亮丽风景线”[43]，以农机跨区作为主要形式的农机服务进入快速发展阶段。随着我国市场经济的快速发展，非农就业机会不断增多，农业劳动力向城镇转移的规模和速度逐年扩大，购买农机作业服务的市场价格相比外出务工的机会成本更为便宜，于是农业经营主体对农机作业的需求进一步高涨，这也是农机服务快速发展的重要微观基础[44]。2004年是我国农机化发展历史上的里程碑，当年中央1号文件明确将农机购置补贴纳入基础性支农惠农政策范围，同年11月我国颁布了第一部有关农业机械化的法律——《中华人民共和国农业机械化促进法》，鼓励发展多元化农机社会化服务组织，进一步保障了农机服务业的规范发展。2007年《中华人民共和国农民专业合作社法》颁布实施，实践中不断涌现出了以农机共用为合作基础的农机专业合作社。为贯彻党的十八大和十八届三中全会提出的“加快构建新型农业经营体系”，2013 年农业部出台《关于大力推进农机社会化服务的意见》，鼓励一部分具有农机合作社流转承包土地，开展包括粮食烘干、农产品加工等在内的“一条龙”农机作业服务，成为既提供农机作业服务又从事农业生产经营的“双主体”。2016 年中央 1 号文件又首次提出支持新型农业经营主体和新型农业服务主体成为现代农业的骨干力量，支持多种类型的新型农业服务主体开展代耕代种、联耕联种、土地托管等专业化规模化服务。从上述一系列政策文件中不难看出，我国农机服务业在提供专业化服务基础上，为了满足农业生产多样化需求，出现了“全程托管”“订单作业”“代耕代种”“联耕联种”等多种形式的服务模式，既让分散的小农户享受到机械化的便利，也可让规模经营的家庭农场、农民合作社解决劳动生产率的瓶颈难题。

江苏省粮食生产全程机械化的快速推进建立在“政府重视、多部门联动、财政资金导向”基础上，以农机服务组织为抓手，加快土地流转、装备转型升级、农机农艺融合，着力提升农机装备水平、作业水平和社会化服务水平，全面提高粮食生产全程机械化水平，实现粮食产量稳定增长，巩固粮食生产能力，确保粮食安全。在管理、推进过程中，呈现三方面特点。

（1）增强农机服务主体培育，示范引领促发展。各地以农机服务组织为抓手，规范实施农机服务体系扶持项目，引导新型主体增强服务能力，促推规模经营。帮扶农机大户、合作社等新型经营主体争取省、市、区奖补等，形成了一批全程机械化作业服务能力较强的农机服务组织，涌现了像泗阳县家庭农场联合体、江阴县农机合作社示范带动、如皋县农机服务组织托管等典型服务模式。

（2）加强农机农艺融合，提质增效促发展。各地结合粮食生产的特点，成立技术专家组，确立了符合本地种植结构和农艺要求的粮食生产全程机械化路线，强化技术应用，落实水稻机插秧、小麦机条播、硬地硬盘育秧、高效植保和精准施肥机械化技术、机械化烘干技术等主推技术，并从机制入手，加强农机和农艺深度融合，促进了粮食生产全程机械化技术和先进适用的种植模式的普及，如常州金坛区的“两翼一体”服务模式，农业和农机等部门通力配合，协调一致，农机作业质量、水平不断提高，农艺要求不断得到满足，适宜农机作业的种植模式得到普及，是示范县创建的重要保障。

（3）强化政策资金引导作用，补齐短板促发展。各地强化资金统筹使用，利用扶贫、示范县建设、秸秆综合利用等专项资金，出台了粮食生产全程机械化创建扶持政策和措施，用于主攻粮食生产全程机械化薄弱环节，推动粮食生产机械化全程全面均衡发展。另外，围绕粮食生产全程机械化的实施，针对实施过程中需要解决的问题，如机库建设、烘干建设用地、环保等方面的问题，由政府推进工作领导小组牵头，建立由农委、财政、国土、水利、粮食、环保等协同小组，负责相关问题的解决，形成了上下联动、多方协作、合力推进的粮食生产全程机械化发展格局。如灌南县统筹使用扶贫项目资金推进粮食烘干中心建设，江都区政府牵头化解烘干设备、农机库、农机维修点等用地难题。

二、典型模式分析

自2016年江苏省正式启动粮食生产全程机械化整省推进行动以来，全省水稻、小麦、玉米三大粮食作物生产的耕整地、种植、植保、收获、烘干、秸秆处理六大环节全程机械化水平得到了显著提高。2017年全省开展全程机械化作业服务的农机服务组织数量超过2.6万个，其中农机合作社6 213个，家庭农场1.02万个。各地在推进全程机械化过程中，不断创新服务模式，夯实创建基础，保障了全程机械化工作的顺利推进。涌现出如灌南的“扶贫+农机化”、泰兴的综合服务中心、南通的全托管、泗阳的家庭农场联盟、金坛的农机农艺融合等多种农机服务载体，成为推动粮食生产全程机械化的重要力量。

（一）全程托管推进模式——以如皋市为例

1. 概述

我国长期实行家庭承包分散经营方式，导致了农业生产的组织化、规模化偏低。2016年我国农村人均耕地面积为3.45亩，且土地细碎化比较严重，特别是在一些丘陵地区，如何在小规模经营的基础上发展现代农业问题成为亟须解决的现实难题。土地托管即农户把土地委托给他人代为管理或经营的方式，即不愿意种植农作物或没有劳动能力的农户将自己承包的土地生产前、中、后等环节中的部分或全部项目委托给其他组织代为管理的一种经营托管形式。

近几年，种粮成本不断攀升，而粮食价格稳中有降的趋势，外出务工收入不断增长，种粮收益越来越低。土地托管模式不涉及土地承包经营权流转，通过规模化的土地代耕、代种、代管和代收，将细碎的土地集中到农机服务组织手中，实现土地的集中连片和规模经营。在无需承担土地经营风险和投入大量土地租金情况下，种粮大户、家庭农场、合作社等更为合理地选择了土地托管而非流转，能够充分发挥农机服务优势获得较为稳定的土地托管收益。与土地流转相比，土地托管的农业规模经营模式能够很好地分散各类农业生产风险点。

表 4–1　土地流转与土地托管的区别

土地规模形式	实质	经营权	农业生产主体	农业收益主体	农户收益形式	服务主体收益来源
土地托管	社会化服务	农户	农户	农户	土地产出收益 保底产量 按股分红	赚取差价 收取超额产量 收取服务费
土地流转	经营权流转	流入方	流入方	流入方	流转费用	土地经营所得

2. 实施成效

2012 年南通市率先推出土地“全托管”，即由专业化的服务组织为无力种地、无暇种地农民提供从种到手乃至销售等贯穿生产和经营全过程的服务。在土地托管初期，农户间自主出现了生产环节的外包，耕种、统一育供秧、播插、统防统治、收割等单一服务。随着时间的推移，这种单一的服务已不再满足需求，于是开始由“片段式”服务向系统的“全程化”服务方向发展。截至 2016 年，南通由农机（农业）服务组织、农机手、种田大户、家庭农场主、村干部等多元主体发展而成的“全托管”服务主体有 1 145 个，2015 年服务耕地面积达 50. 92 万亩，为 14. 26 万户老弱病残或外出从事二三产业的农户提供了贴心的“保姆式”服务。“全托管”实现了农业乡镇全覆盖。

如皋市在结合南通市农委“土地全托管”项目支持下，加大农机专业合作组织、农机大户和家庭农场等新型农业经营服务主体培育力度，对其开展全程机械化作业进行扶持，对达到一定服务面积的集中育供秧项目主体、全托管（家庭农场）等新型经营主体、烘干中心建设主体以及农机化项目实施主体进行奖补，并由农业服务中心技术人员提供一对一的技术指导，通过以奖代补的形式给予全托管服务组织优先扶持，并在农业保险、农业高产创建、机库建设等方面给予政策倾斜。2017 年如皋市政府出台了《加快推进现代农业发展的激励办法》，其中提出安排总额不超过 100 万元用于家庭农场建设和全托管组织培育，对其开展全程机械化作业进行扶持。对建成省级、南通市级、如皋市级示范性家庭农场，通过相应验收或命名的原则上分别奖补 5 万元、3 万元、1 万元；对验收完成家庭农场考核任务的镇（区、街道），并获得如皋市级以上的示范家庭农场给予每个家庭农场 1 000 元的标准给予镇（区、街道）奖励，用于奖励培育家庭农场有功人员；对各镇（区、街道），原则上按通过验收的每个全托管组织 1 000 元的标准给予经费补助，奖补 50%用于该项工作的推进和落实，50%用于奖励发展全托管的有功人员。

截至 2017 年年底，如皋全市 331 个村，463 个家庭农场、121 个农机专业合作组织，569 个“全托管”组织，都成为推进粮食生产全程机械化的主力军。农业服务组织统一服务面积达到全市机械化作业总面积的 80%。

3. 运行机制

土地托管是在保证农民对土地的承包权、经营权和收益权前提下，农民将农业生产的服务中的部分或全部环节委托给农业社会化服务组织代为经营管理的一种模式（图 4-1）。

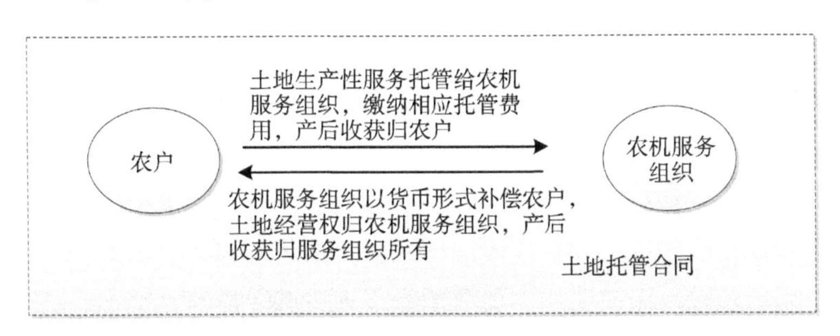

图 4-1　土地托管模式

土地托管的运作模式主要有以下 2 种。

（1）实物型：即农民的受益通过实物体现。农民将土地交给全托管经营服务组织，服务组织为农民提供从种到收的全程专业化服务，收获的粮食归农民所有，服务组织承诺水稻、小麦产量不低于一定标准，如水稻 600 千克/亩，小麦 400 千克/亩，农民每年需按照 1 200 元/亩的标准交纳托管费用。

（2）货币性：即农民的受益通过货币来体现。经营服务组织将农民的土地合并集中打理，土地收获归服务组织所有，经营服务组织以货币的形式每年给农民 1 100 元/亩的土地收益。

农户通过购买服务的方式，既解决了种地难的问题，得到“保底收入”，又从传统的农业生产中解放出来，把更多的经历用于非农部门创收上；全托管服务组织则通过提供托管服务获取规模经营收益，从而实现了经济效益、社会效益、生态效益共赢。

经测算，农田托管后，单产平均能提高20%左右，水稻节本增效能达300元/亩左右，小麦180元/亩左右。更重要的是，农田托管可让拥有承包权的农民安心外出打工或经商，农民工资性收入和经营性收入能得到增加。全托管服务带来的其他效益还体现在有利于实施秸秆全量还田，杜绝秸秆焚烧现象，减少环境污染。

4. 总结

目前土地托管也存在一些问题，如田块分散，增加了全托管的难度，造成土地不能集中连片经营。全托管服务费用收取标准也难以把握，托管合同基本一年一签，需要农户和规模经营主体共同协商找出利润平衡点，确保互惠互利。

要继续加强示范方建设，鼓励整村整组集中连片流转和托管，引导农业生产规模经营主体开展规模化专业化生产，提高农业经营主体的服务水平。

（二）农机农艺融合模式——以金坛区为例

1. 概述

随着工业化、城镇化、信息化和农业现代化的发展，农村劳动力的结构和农民劳动观念发生了深刻变化，农业生产进入了机器换人的新时代，农业生产对农机应用的依赖越来越明显。而我国人多地少的矛盾非常突出，在有限的耕地资源条件下如何实现高产、高效、优质，需要采取以土地节约型为特征的生物型技术进步。因此农机、农艺两方面对实现农业现代化都非常重要。如果没有农机农艺融合，无法实现全面持续的农业机械化，也没有农业的标准化、集约化、规模化，也就没有真正意义上的农业现代化。

随着农业高产优质良种的推广应用，对农机作业的要求越来越精细，迫切需要农机与农艺结合建立研发机制，解决一些作物品种培育、耕作制度、栽培方式不适应农机作业的要求，加快改变农民种植习惯差异，促进标准化种植的进展。农机是农艺的物化和重要载体，二者的技术最终都将相辅相成地运用于农业生产过程中，只有二者有机融合，才能使农业持续健康稳定发展。

2. 实施成效

2001 年，金坛区农机部门开始推广手扶式机插秧，而育秧工作成为农机推广部门最头痛的关键环节。于是农机部门主动与农技部门沟通，合理探讨，迈出了农机农艺合作的第一步。农机农艺通力协作，破解了农机农艺“单打独斗，各自为战”的体制瓶颈。从而，开始了金坛农机农艺合作的正常轨道。

2010 年，农机农艺 2 个部门共同组建了“稻麦科技示范中心”，着力从新品种、新技术、新模式、新农机探索农技推广新方法。

2016—2017 年，金坛区实施省级粮食生产全程机械化示范县创建项目，农机农艺部门主要围绕机械化、轻简化和绿色高产高效目标，协同创新机械化集成技术。针对施肥、植保等薄弱环节，加强大力示范推广先进农业机械化装备，进一步提升粮食生产的全程机械化水平。

在农机和农艺部门共同配合努力下，构建了金坛区粮食生产全程机械化技术体系，申报了发明专利 2 项、制订和参与制订了常州市地方标准 8 项，发表了相关论文 5 篇，形成了“一体两翼”的金坛创建模式。

除了业务上的合作，在两部门管理上也真正做到了融合。由于作物栽培技术指导站人手较少，且都承担着很重的推广指导任务，高产创建育秧物资的扎口工作交由农机推广站负责。从育秧软盘、硬盘、基质、壮秧剂、无纺布等物资的采购、供应到资金补贴均有两家单位共同把关、审核、报账、拨付。从单纯的业务结合到管理合作，从简单的物资调拨到每种物资对育秧技术的作用，都有了充分的了解。

3. 运行机制

金坛区主要依靠构建协调配合机制，集中优势资源，着力普及新机具新技术，全面融合良种良法良机，逐步形成了“主攻一体、盘活两翼”的金坛模式，实现了 1+1>2 的效果（图 4-2）。

（1）建立融合机制。首先联合地方栽培站、农机学校、植保站、农业推广站、土肥站、种子站、农机推广站等力量成立共同技术专家组。技术专家组具体负责确定稻麦周年生产全程机械化的技术路线、技术指导服务以及创建工作的考核督查等工作。通过创新培训方法，采取校校、校企联合等多种培训方式，整合农广校与农机学校力量，聘任各类技术专家 57 人，打造了一支人员充足、素质优良、结构合理的人才培训队伍，建设了农机化实训基地。

农机农艺部门深度融合，经过多轮连续的探索与论证，下发了《常州市金坛区稻麦周年生产全程机械化技术方案》《常州市金坛区稻秸秆机械化还田

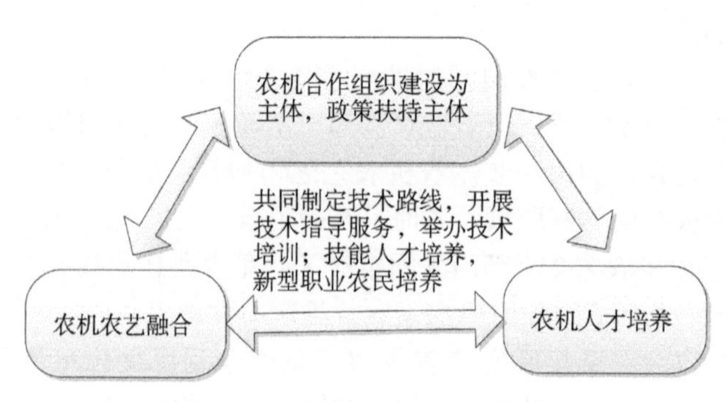

图 4-2 “两翼一体”金坛模式

集成小麦机播技术指导意见》等 5 项技术资料。制订和参与制订了《高地隙自走式喷杆喷雾机田间作业技术规程》等 8 项常州市地方标准，填补了区域内空白。

（2）确定实施主体。农民是实现农机农艺融合的主体。一是鼓励新建、扩建农机合作社，填补区域空白，普及推广主推机具和技术，2 年来，新建农机合作社 25 家，培育壮大 65 家，总数达到 136 家，基本实现村村有合作社，稻麦规模经营面积达 24.6 万亩，占粮食生产总面积的 63.06%。二是着力发展壮大农机合作社，通过配齐硬件设施、强化机务管理，农机合作社规范化管理程度不断提高，截至 2017 年年底，拥有全国农机示范社 5 家、省级示范社 35 家。

（3）搞好扶持引导。在利用农机购置补贴政策的同时，利用粮食绿色高产高效创建和农业支持保护补贴等项目，对集中育秧基地建设、本地化收割、产地烘干、机械化植保等薄弱环节进行补贴，引导了社会资本投入农机化发展的热情。2016—2017 年度省项目补助资金 400 万元，其中：用于机具作业补贴 305.25 万元；机库建设 63 万元、维修点建设 5 万元、农机推广服务共 29.55 万元，不足部分由区本级农机化专项扶持资金解决。

4. 总结

农机的目的是省工、节本、增效，农艺的目的是优质、高产、高效。长期的农业生产实践证明先进的农艺技术要得到大面积的应用推广离不开高效、规范的农机化作业。同时，农机作业对操作对象的标准化要求高，农机农艺融合能够提高粮食生产综合效益，良种、良法、良机的融合成为粮食稳定增产和农民持续增收的重要保障，实现了 1+1>2 的效果。农机与农艺有机融合，不仅关系到农业生产环节机械化的突破，更关系到先进适用农业技术的推广普及应用。

“金坛模式”积极发挥农业、农机部门合署办公的体制优势，在项目实施与农机农技推广过程中深度融合，进一步优化了农机装备结构，促进了粮食生产全程机械化技术和先进适用的种植模式的普及。未来发展重点需要合理合力示范推广稻麦周年全程机械化高产高效技术，如以机插秧为核心水稻机械化种植技术、稻麦适宜茬口的衔接、适宜的品种搭配、以机条播为核心的小麦机械化种植技术等。尤其是小麦播种机械，必须要与农艺相配合，在品种、土壤墒情、技术、装备等方面不断融合，找到适合黏性土壤机械化的技术途径与路径。

（三）乡镇整体推动模式——以江都区为例

1. 概述

江苏是我国产粮大省，农业规模化经营比例已超过 50%，在客观上对粮食生产全程机械化发展起到了重要的倒逼作用。2016 年省政府出台《关于加快推进粮食生产全程机械化的意见》，全面部署推进全省粮食生产全程机械化工作。同时出台了《江苏省粮食生产全程机械化市、县（市、区）考核评价办法（试行）》，加强对各地粮食生产全程机械化创建工作的考核。自 2016 年正式启动粮食生产全程机械化整省推进行动以来，全省 12 个市都以政府名义出台了推进粮食生产全程机械化的实施意见，34 个省级示范县均成立了县级政府领导任组长、农业、财政等相关部门负责人为成员的领导小组，将粮食生产全程机械化示范创建工作纳入“三农”和经济社会目标考核内容，不断加大行政推动力度。

江都是全国农机化示范区和全省率先基本实现农机化创建区，2015 年被确定为国家现代农业示范区，在江苏是最早实施粮食生产全程机械化示范创建工作。为了更好推进粮食生产全程机械化创建工作，以推进粮食生产全程机械化示范镇建设为抓手，大力推广先进适用的新技术、新机具，优化装备结构，提升作业水平，加快技术普及，以点带面，梯度推进。各镇政府是创建粮食生产全程机械化的实施主体，成立相应的组织机构，主要领导为第一责任人，做好统筹规划，细化粮食生产全程机械化示范镇创建方案，明确发展目标，加强绩效考核，构建上下联动、多方协作、合力推进的工作机制。

2. 实施成效

2016年江都区政府出台《关于加快推进粮食生产全程机械化的实施意见》（扬江政发〔2016〕75号）、《关于印发扬州市江都区粮食生产全程机械化示范镇创建实施方案的通知》（扬江政办发〔2016〕61号）等文件，要求2016年，邵伯、宜陵、浦头镇建成粮食生产全程机械化示范镇。至2017年，全区80%以上的镇实现粮食生产全程机械化，在全省率先建成粮食生产全程机械化示范区。至2018年，全区所有镇均实现粮食生产全程机械化。各个乡镇要结合各镇实际和创建要求编写粮食生产全程机械化示范镇实施方案并予以公示。

市级财政每年安排农机化专项资金，对按照序时进度完成创建目标并通过考核验收的乡镇进行扶持（先建后补），标准按该镇水稻种植面积8元/亩执行。一年期完成创建目标并通过考核验收的乡镇当年按标准奖补，2015年参与创建乡镇扶持资金依照2016年标准予以补足。两年期完成创建的乡镇，第一年和第二年分别完成既定目标并通过考核验收后给予奖补。

除此之外，区级财政也加大对推进粮食生产全程机械化专项资金投入，每年安排专项资金对乘坐式插秧机按5元/亩标准给予作业奖补。并整合农机购置补贴、农业实用技术培训、农机合作社机库及维修点建设、烘干中心建设、三新工程、科技入户等项目资金，向粮食生产全程机械化创建镇倾斜。

江都以示范镇建设为抓手，最后形成了政府强势促进为引领，以社会化服务、规模化经营、专业化指导、精细化管理为支撑，区镇部门联动、机艺紧密融合、新型主体推进的江都创建模式。

3. 运行机制

江都在粮以行政推动为主导，以乡镇创建为具体抓手，采取梯次推进的方式，由小到大、由易到难，同时做好创建成果的巩固提升，保持高水平发展。其运行机制可以总结为“1+4”模式，“1”是指以政府推进为引领，“4”是指以社会化服务、规模化经营、专业化指导、精细化管理为支撑。具体表现为以下几个方面。

（1）细化任务到镇村。以示范镇创建为抓手，各镇均结合实际制定镇级实施方案，明确考核激励办法，细化分解目标任务。各镇将机具推广、秧池准备、烘干中心、高效植保机具等任务细化分解到村，层层落实抓责任。为了补齐短板，加快水稻机插秧技术推广，各乡镇各村一是责任下压行政组长，明确机插秧推广绩效和组长工资报酬挂钩，发挥组长的基层推广主体职能；二是推广紧盯种田大户，要求规模经营大户水稻机插率必须达80%以上，不推广应用新型农机化技术的，取消土地流转合同到期优先续约资格。

（2）加强部门协作。各镇把争创粮食生产全程机械化示范镇作为“十三五”期间的一项重要工作，主动协调有关职能部门，采取有效措施，推动工作落实。区农机局做好机具推广、技术培训、质量督查、创建考核等工作，组织实施好各项扶持政策和推进措施。区农委科学谋划稻麦高产创建、植保统防统治等项目实施，重点向粮食生产机械化薄弱镇倾斜，帮助农民选择良种，加强育秧技术和田间管理等关键环节指导，扩大示范效应。区发改委、农开局和水务局围绕高标准农田建设总体规划，加强农田水利基础设施建设，为现代农业装备推广应用提供支撑保障。区财政局积极安排专项资金，为加快推进粮食生产全程机械化提供资金保障。区国土局帮助化解烘干设备、农机库、农机维修点等用地难题。其他部门按照各自职责做好相关工作，确保全区粮食生产全程机械化工作顺利推进。

（3）强化乡镇考核。各镇紧扣粮食全程机械化示范镇创建要求，强化多层次考核机制，层层落实责任，动真碰硬，奖优罚劣，严格实施上年全程机械化工作考核，及时兑现奖补资金。将粮食生产全程机械化工作列为各乡镇农业农村工作考核一票否决事项，指令各村缴纳 5 000 元保证金，年度考核未完成任务的，按实际作业比例扣减；完成任务的，全额返还并予以 5 000 元叠加奖补。

各创建镇创建期满后由区组织考核验收，两年期创建镇创建期间由区按实施方案确定的目标进行中期考核，按乡镇自评、区级考核验收组织实施。

全区 13 个镇中，12 个镇创成市级粮食生产全程机械化示范镇，达标镇占比达 90%以上，其中：2016 年，邵伯、宜陵、浦头镇等 3 个镇，通过市、区考核验收；2017 年，大桥、真武、丁伙、郭村、丁沟、小纪、武坚、仙女、吴桥等 9 个镇，通过市、区考核验收。

4. 总结

在整镇推进过程中，仅靠农机部门力量远远不够，需要各镇政府加强认识，整区中有一个乡镇未通过达标，主要是由于该镇对示范镇创建重视程度、推进力度不平衡，思想认识不到位，创建工作责任落实不明确、推进措施不扎实造成的。

整镇推进模式也离不开乡镇农机部门的大力支持，而目前乡镇农机站所改革还不到位，普遍存在人员结构老化、技术力量缺乏、工资待遇较差、工作经费不足等问题，直接导致补贴实施、技术推广等工作实施不到位，给推进粮食生产全程机械化带来消极影响。以乡镇整体推动为措施，需争取各镇党委、政府的重视，加强部门协作，推进均衡发展，建设升级版全程机械化示范区。

（四）扶贫+农机化模式——以灌南县为例

1. 概述

2017 年江苏开启新一轮扶贫工作，并将标准提升为人均年收入 6 000元，并确定 821 个发展最薄弱的村作为重点帮扶村。对省重点帮扶的 821 个经济薄弱村，省财政按每村 60 万元予以补助，用于发展村级集体经济，带动低收入农户增收脱贫。同时为市县同步选派优秀干部组建工作队，实行驻村定点帮扶，重点支持发展村级集体经济，增强带动低收入农户脱贫增收能力。

农业机械化是发展现代农业的基础，扶持农业机械化发展为产业扶贫提供了一个很好的项目。贫困地区发展农机化是与精准扶贫项目的一个有效结合。农业机械化是改善农业生产和农民生活条件的重要途径。农业机械化的广泛使用，把农民从农业生产中繁重的体力劳动中解放出来，在提高劳动生产率、土地产出率，帮助贫困地区农民提高收入等方面发挥了重要作用。

2. 实施成效

2017 年江苏省政府出台《关于在省重点帮扶县区开展统筹整合使用财政涉农资金的实施意见》，要求加大改革力度，创新体制机制，通过实施统筹整合使用财政涉农资金，赋予重点帮扶县区统筹使用财政涉农资金的自主权，以重点扶贫项目为平台，撬动金融资本和社会帮扶资金共同投入扶贫开发，确保如期实现脱贫致富奔小康目标。

在此背景下，灌南在精准扶贫工作中，不断强化“精准可持续”理念，形成了产业项目扶贫工作模式，从精准确定帮扶对象，精准开展挂钩帮扶，精准落实到户项目，精准帮扶薄弱村发展，精准加强扶贫领域监管入手，走出了一条符合当地实际的产业化扶贫工作之路，实现了产业项目促进可持续精准扶贫的快速推进。发展特色产业坚持与发展现代农业机械化相结合，他们抓住农业生产全程机械化示范县建设的有利契机，结合项目资金、省扶持经济薄弱村发展试点资金等惠农资金向粮食生产全程机械化短板机具作业补贴倾斜利用，在 28 个省定经济薄弱村中建了 9 个粮食烘干中心、9 个农机合作社，新上烘干机 56 台，批次烘干能力达到 8 400 吨。实现当年建设、当年收益，带动农民增收致富。全程机械化水平显著提高，原本的烘干机械化、植保机械化等环节得到跨越式发展。

3. 运行机制

灌南县针对烘干、高效植保等短板环节，整合扶贫项目资金支持示范县建设，充分挖掘省委驻灌扶贫资源，采取“农机化+扶贫”形式（图4-3），对接经济薄弱村集体经济增收板块，切入至示范县建设粮食烘干中心建设项目，不仅为扶贫工作找到好的建设项目，增加了村集体经济收入，服务农民群众增产增收，保障粮食安全，也促进了示范县建设，实现多赢。

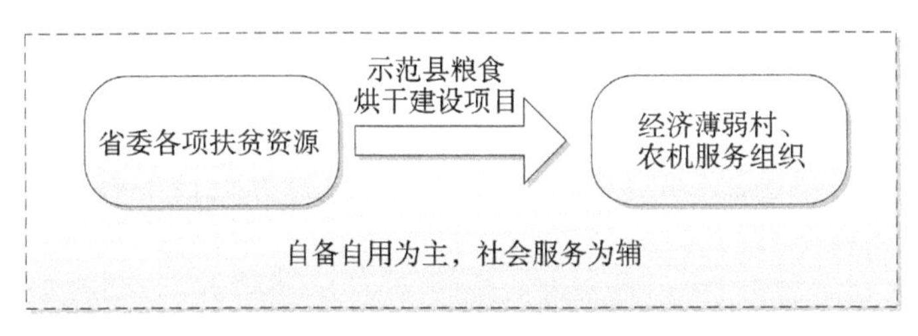

图4-3　“扶贫+农机化”模式

（1）项目扶贫。精准扶贫的关键在于通过构建恰当的使贫困人口受益的机制，为具备劳动能力的贫困人口创造发展机会。灌南全县稻麦的耕整地、收获、秸秆处理三个环节机械化水平都在95%以上，但是小麦机条播、高效植保、产地烘干是粮食生产全程机械化的薄弱环节，也是粮食生产全程机械化示范县创建工作的重点。结合扶贫项目集中资金，推广适宜当地农业生产的技术以及机具，选准主要农作物机械化生产中的薄弱环节进行重点突破，是精准扶贫的着力方向。

该县充分利用省委驻县扶贫资源，按照“自备自用为主、社会服务为辅”的发展模式，采取农机扶贫形式，对接经济薄弱村集体经济增收板块，切入示范县粮食烘干中心建设项目，不仅为扶贫工作找到好的建设项目，解决了扶贫资金有米无锅，又解决了全程机械化示范县工作有锅无米的问题，同时解决了经济薄弱村集体经济收入难题，实现多赢。2016年，经济薄弱的何庄村用23天建成批次烘干能力为120吨的烘干中心，为村集体经济增收32万元；苏口、宋集两村用28天建成批次烘干能力为180吨的烘干中心，为村集体经济增收36万元。全县经济薄弱村（合作社牵头）新建烘干中心8个，新上烘干机48台，新建高标准厂房1.5万米^2，总投入资金超1 000万元。

（2）找准扶贫对象。精准扶贫就是要提高财政扶贫资源的使用效率，将有限的扶贫资金用到刀刃上，扶贫必须要解决“扶持谁”“谁来扶”和“怎么扶”的难题。农民合作社是弱势群体联合成立的互助性经济组织，制度安排天然地具有益贫性的组织特征，是市场经济条件下农村贫困人口脱贫的理想载体，也被视为反贫困最有效率的经济组织。使合作社能够成为政府和农民之间的中介组织，由农民合作社来承担扶持主体的角色，通过合作社的产业项目、技术培训等解决精准扶贫“怎么扶”的问题。农机服务专业合作组织、农机大户是新形势下发展农业现代化的有效载体，在推进粮食生产全程机械化进程中发挥主力军作用。

农机合作社是对接和传播农业先进技术的重要载体，依靠合作社可以更好地实施产业扶贫、科技扶贫工程。利用产业扶贫项目为经济薄弱村中的农机合作社共建粮食烘干中心，农户能够以低成本或免费获得烘干服务，薄弱村集体还能获得可持续集体收入。

4. 总结

该县开阔视野，创新工作方法，促进工作有效开展，工作中，充分挖掘省委驻该县扶贫资源，采取“农机化+扶贫”形式，对接经济薄弱村集体经济增收板块，切入至示范县建设粮食烘干中心建设项目，不仅为扶贫工作找到好的建设项目，增加了村集体经济收入，服务农民群众增产增收，保障粮食安全，也促进了示范县建设，实现多赢。

扶贫不仅是经济扶贫，更是需要产业扶贫。产业是扶贫的关键，给技术可以帮贫困地区解决生产难题，“扶产业”则能让成效更长久。应继续统筹整合使用扶贫等财政涉农资金，针对农业生产过程中机械化生产的重点和需求，加大农机购置补贴、农机作业补贴、农机化技术试验示范、农机秸秆还田等政策项目的支持力度，加快推进贫困地区农机化发展，帮助农民节本增效。引导支持贫困村建设农机合作社，充分发挥农机合作社在产业扶贫工作中的作用，鼓励支持农机专业合作社吸收贫困户进社，参与耕、种、收等农机作业中。通过农机作业增收，鼓励支持农机专业合作社开展助贫服务活动，为贫困户提供优质、优惠、便捷农机作业服务。

（五）综合服务中心模式——以泰兴市为例

1. 概述

2017 年农业部、国家发改委、财政部联合发布《关于加快发展农业生产性服务的指导意见》，意见强调要在 7 个关键服务领域发力，提出“农机服务环节从耕种收为主向专业化植保、秸秆处理、产地烘干等农业生产全过程延伸。打造区域农机安全应急救援中心和维修中心，推动专业维修网点转型升级”。不难看出，农机专业化服务集中于产中服务，为了提高经济效益，适应市场需求，各类农机服务组织也在积极探索全程机械化+综合农事服务、“互联网+”农机服务、土地托管+农机服务等农机服务新模式，推动服务链条横向拓展、纵向延伸，强化农机服务与多领域农业生产性服务功能互补，融合发展。

对于小农户，农机专业化服务主要价值体现在弥补劳动力投入不足，实现对劳动的替代，应该着重提供土地托管、代耕代种、统防统治等农业生产中专业化服务，而对种粮大户、家庭农场、农民合作社等新型经营主体要更加注重对产后加工、产品包装与销售等综合化增值性服务。

2. 实施成效

要实现粮食生产全程机械化，就必须搞好农机服务体系建设，合理配置和综合利用农机资源。建设和发展为农服务综合体，必然会推动粮食生产全程机械化。一是可以增加农业产出效益。通过提供统一育秧、统一机插、统一植保、统一收割等“保姆式”服务，有效增加粮食产量。二是可以保障农民种植收益。通过提供农业保险服务，可减少因自然灾害带来的经济损失；通过提供粮食烘干服务，可解决因阴雨天气带来的粮食变质问题；通过提供订单销售服务，可规避因市场波动带来的滞销风险。三是可以节约农村土地资源，为农服务综合体可将农机集中存放，有效化解农村机库建设用地矛盾。四是可以提高农业综合生产能力，推进农业生产标准化、规模化和产业化，促进传统农业向现代农业转变。

泰州市从 2017 年开始启动建设一批为农服务综合体，坚持政府主导、市场运作、政策扶持、服务全程、强化监管，加强农机服务基础设施建设，提升全市粮食生产全程机械化高质量发展水平。通过省级项目引导和市乡两级财政扶持，统筹规划建设一批集机库、配件库、油库和维修间、烘干加工间于一体的农机综合服务中心，不断提高农机配套服务能力。

3. 运行机制

泰兴市在推动全程机械化过程中，主要实施“114 工程”，其中第一个“1”就是建设综合服务中心，形成一批示范基地。

（1）合理规划。为了满足新型经营主体的服务需求，用好用足配套设施用地政策，2017 年泰兴市统筹规划建设一批集机库、配件库、油库、维修间、烘干加工间于一体的农机综合服务中心，不断提高农机配套服务能力。这也是突破农机“用地难”瓶颈的有效办法。

为农服务综合体以农机集中存放、保养维修、农机耕作收获、粮食烘干为主体，配套植保服务、农资配供、集中育供秧服务。同时，整合农业部门公益性服务，增加土地流转、农业保险、技术咨询、信息发布、订单合同等服务，为农服务综合体成为家庭农场和种植大户的服务超市，里面提供一站式、全方位服务。

（2）承包经营。为农综合服务体按照社会化服务功能齐全的要求进行建设，主要包括农机库、烘干中心（烘干房、除尘用房、仓储、晒场）、农机维修间、配件库、农资库、办公用房等配套设施，每个为农综合服务体资金投入约为300万。烘干用房按满足配置10台12吨粮食烘干机的要求建设，粮食产地烘干处理能力达50%以上，建设面积不低于500米^2，附属集尘用房120米^2，粮食仓储周转用房建设面积不低于400米^2，晒场1 000米^2，农机库建设面积不低于600米^2。

当为农综合服务体验收后交予管理使用时，申报租赁使用综合服务主体必须是具备一般法人资格，管理规范到位，服务能力较强，优先考虑农机专业合作社，租赁经营主体耕种、收获、植保、烘干等农机装备要配备到位，能满足规划区内种粮面积农机全程机械化作业服务要求。综合服务体年租金每年不低于8万元，使用协议约定时间5年左右，租赁经营收益用于为农综合服务体的土地租金和经济薄弱村集体收入的补充。截至2017年底，全市发展规模家庭农场570家，农机合作社140个，为农服务综合体13个，提高了农机生产的组织化、专业化、规模化水平。

4. 总结

我国目前处于传统农业向现代农业转型时期，农村劳动力相对于土地、农机等生产要素，变得更为昂贵，导致农户对中间投入品以及农业生产环节中社会化服务的需求增加，也加快促使了农户与社会化服务组织之间的社会分工。政府为农机合作社、家庭农场、种粮大户等新型经营主体提供服务平台，都是为了更好地满足农户对农业生产性服务的差异化、多样化和高端化需求，为农民提供产前、产中、产后全程农机专业化作业服务，构成一条完整的服务链，促进了农业规模化经营，加速了农机新技术的推广应用。

该县以搭建农机综合服务平台为手段，积极探索农机为农综合服务的新方法，充分发挥了小农户与现代农业之间搭建有效平台的作用。但是还需要探索解决市场化运作机制及租赁收益利用等问题。

（六）家庭农场联合体集中模式——以泗阳县为例

1. 概述

2008 年家庭农场概念首次写入中央文件，2013 年中央 1 号文件进一步将家庭农场明确为新型农业经营主体的主要形式，并要求通过新增农业补贴倾斜、鼓励和支持土地流入、加大奖励培训力度等措施，扶持和培育家庭农场发展。我国的家庭农场多数是由传统农户转变而来，普遍存在资金实力弱、经营能力不强等特点。当粮食种植规模扩大以后，对种粮亟须的技术、农机、农资、仓储、晒场、烘干等社会化服务依然短缺。家庭农场联合体模式是将距离相近、产业统一的家庭农场集中起来，便于集中采购农资、组织收种，开展统防统治、产品统销，依靠提升社会化服务水平降低农业生产经营成本。

家庭农场联合体模式是农业经营横向一体化的一种探索，在没有改变土地承包权的前提下整合农业生产要素资源，实现生产与服务的一体化，实现了农业生产和经营的横向一体化。在实现横向一体化经营的条件下，又有助于农业生产区域专业化和生产组织化，反过来还能促进农业纵向一体化经营的深化。

2. 实施成效

自 2014 年以来，宿迁市着重培育现代农业经营主体，大力发展家庭农场。如今宿迁市家庭农场的数量与规模均居全省首位。在家庭农场的快速发展过程中，不可避免地出现了晾晒、仓储、烘干中心等配套设施用地难，家庭农场量大、点分散以及单个家庭农场农机装备投入资金压力大、农机社会化服务跟不上等诸多问题，于是 2014 年下半年宿迁在全省开展了家庭农场集群及综合服务中心建设。当地政府以资源条件和产业特色为基础，按照“统一产业规划布局、统一基础设施配套、统一生态生产标准、统一全程社会化服务”的思路，以自然村庄、连片地块等为单元，根据各家庭农场集群的产业类型、集群规模、生产半径以及家庭农场的生产、生活服务需求，科学合理布局，引导同类产业的家庭农场在地理位置上靠拢集中，建设较大规模的家庭农场集群，鼓励抱团发展、集聚创业。

一般家庭农场集群规模在 5 000 亩以上，集群内家庭农场数量不少于 10 个，采取“政府引导、农场投资、财政支持、市场运作”方式，整合集中单体家庭农场用地指标，将多个农场的分散土地指标有效集中，统一建设综合服务中心，集中配套晒场、烘干、仓储、冷库、电商中心、培训教室等生产附属设施，可以有效解决了家庭农场配套设施建设用地难等问题。如泗阳县城厢街道整合 20 个家庭农场用地指标，建设占地仅 15 亩的卜湖家庭农场服务中心，节约用地 45 亩，节约率达 75%。

2016 年该县被纳入第一批粮食生产全程机械化示范县，借此契机，农机部门与农委合作，整合农口财政资金，国土部门配合设施用地，组建家庭农场集群中心，主要为其解决资金、土地、技术等问题。通过家庭农场集群中心建设，该县的高效植保和烘干机械化水平得到了质的飞跃。农机如果需要维修，也可以在这个综合中心免费维修，财政一次性给予维修点建设 10 万元。

为了解决家庭农场土地流转困难，泗阳县在 18 个乡镇街道还成立了农村土地流转服务中心，负责土地流转的规划、信息发布，收益评估、流转程序和矛盾协调处理。同时还在各村居设立起了土地流转服务站，让土地流转工作在全县各乡镇实现了一条龙优质服务。截至 2017 年，全县已有家庭农场 1 100 多个，其中 5 000 亩以上家庭农场集群 8 个，先后建成 8 个标准化集群服务中心，直接辐射带动规模化农田近 8 万亩。

3. 运行机制

泗阳市家庭农场发展的基础较好，在全程机械化创建过程中，依靠建立家庭农场集群可以随迫切需要解决粮食烘干以及粮食、农资、农机临时存放等问题（图 4–4）。

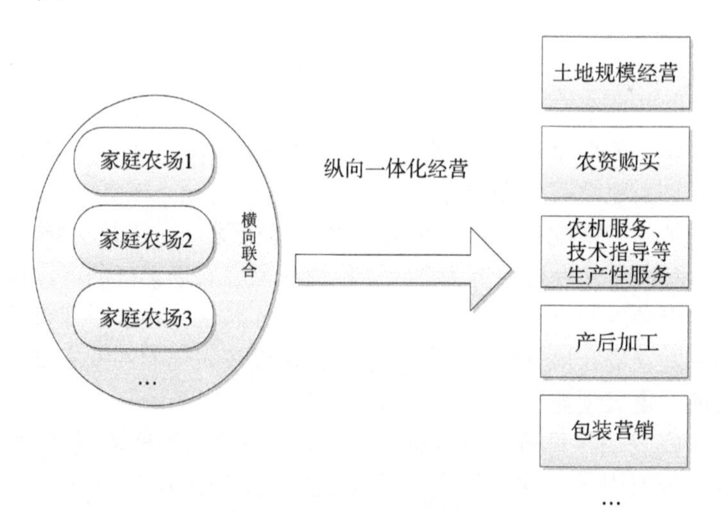

图 4–4　家庭农产集群模式

（1）横向联合。家庭农场集群是农业横向联合经营的一种组织形式，它把分散的从事农业生产的家庭农场主在保持各自独立经营的基础上联合结为一体，实行资金、技术、人才等方面的联合联合，共同协调农资、农机、销售、加工等，从横向上实现了抱团经营、规模效益的目标。如泗阳县城厢街道卜湖家庭农场服务中心，由惠丰家庭农场联合集群内20个种粮家庭农场组成联旺粮食种植合作联盟，通过集中农资采购、集中喷药施肥、集中收种耕作以及规模化的集中配套服务为家庭农场节约成本达150元/亩。

集群横向发展模式有效实现了相同产业农场的集中经营，引领区域农业产业结构调整，提升农业适度规模经营水平，实现产品批量供应和标准化生产。如家庭农场集群与粮食加工企业和种子企业签了协议，采取“订单”生产，实现粮食连片种植的专业化。泗阳县城厢街道卜湖家庭农场集群依托绿色稻米，通过服务中心注册网店，仅前3个月就实现网络销售50多万元。

建设家庭农场集群有利于农业、水利、农开、国土等部门资金资源的整合投放、精准实施，便于农田水利、道路管网等基础设施改造提升，有力提升了集群内土地产出率和抗御自然风险能力。

（2）纵向经营。在家庭农场横向联合的基础上，更有利于农业纵向一体化的深化。家庭农场集群的纵向联合主要包括产前环节的农药、化肥、种子等农资采购，产中环节的耕、种、管、收农机服务，产后环节的粮食烘干、收购、加工、包装贴牌、销售等。

家庭农场集群纵向一体化经营通过产前环节的农资采购、产中环节的生产指导和产后环节的统一储运、销售，促进了农业现代化。首先，家庭农场集群带动了土地的规模经营。家庭农场将零散土地集中起来统一经营，提高了土地利用效率，解放了生产力，增加了农民收入。其次，规模经营带来的是更高的机械化水平和更高的生产效率。如家庭农场集群服务中心机械使用率远高于小规模农户自身经营。最后家庭农场集群为农户的专业化生产提供产前、产中、产后服务，有利于推广应用先进的农业科学技术，实现农业产业化。如家庭农场集群的成立为我们种植大户、家庭农场和普通农户提供烘干，收割以及后期的销售等方面提供服务，实现了较高水平的农业产业化一体化发展。

4. 总结

农业产业化经营一般分为横向一体化和纵向一体化。横向一体化合作是指在不影响农户生产的独立性条件下，把分散的众多小规模农业生产者直接结为一体，共同协商原料供应、产品销售加工等。该方法可以较轻易把分散的、小规模的农户组织在一起，以抱团的方式进入市场，同时也可提升农业市场的集中度。农业纵向一体化是指在经济上和组织上把农业生产者同其他的相关企业结为一体，实现某种方式的协作与联合，打破农业产前、产中和产后部门的分离格局。目前我国农民合作社是农业产业化经营的重要组织形式，而家庭农场集群服务联盟是对农业产业化经营组织形式的另一种探索。

通过家庭农场服务联盟，为家庭农场开展多元化一站式服务，是今后类似联合组织的发展方向。可以探索多种服务模式，如探索建立“植保诊断、公司配药、农资直供、联盟监督”的服务新业态，以及统一实施粮食烘干仓储购销等服务新方法等。

家庭农场农业服务联盟在服务上是多元的、一体化的，能够满足家庭农场主多方面需求的联合服务体，可以进一步解除农场主的后顾之忧，增强农民抗市场风险和适度规模经营的信心。政府需要引导农业技术推广部门、农业生产资料公司、金融机构建立健全服务机制，定期深入家庭农场，帮助他们化解生产经营中的难题。

（七）政府购买服务模式——以张家港为例

1. 概述

家庭经营仍是农业生产的基本力量。把家庭经营引导到现代农业发展轨道，最成功和最有效的办法就是发展农业社会化服务。构建新型农业经营体系，关键还是要发挥农业社会化服务的支撑作用。根据服务的提供主体不同，农业社会化服务可以分为由市场经营性组织提供的农业经营性服务和由政府提供的农业公益性服务。前者主要指由农业龙头企业、农民合作社、农业供销社提供的诸如农资供应、农机作业、技术指导、市场信息和产品营销等服务；后者主要指由政府负责提供的农村经济公共服务、病虫害统防统治、农机深耕深松、农作物统一供种、农业面临污染防治等服务。

2015 年农业部发布《关于开展政府向经营性服务组织购买农业公益性服务机制创新试点工作的通知》，试点重点围绕病虫害统防统治、农机深耕深种、水稻集中育插秧、玉米、油菜等主要粮食品种机械化收获、农业废弃物回收和处置、农膜回收与利用、配方肥和增施有机肥、粮食烘干等。可以看出，这些服务集中在农业生产环节，是家庭经营办不了、办不好或者不合算的服务难题，需要发挥政府的主导作用。政府购买农业社会化服务，支持符合条件的经营性服务组织承担农业公益性服务，也是推动政府职能转变，健全农业社会化服务体系的有效手段，是加快构建复合型现代农业经营体系的重要支撑方式。

2. 实施成效

张家港市是改革开放的先行军，综合实力常年位居全国百强县前列。2017年，张家港预计实现地区生产总值2 590亿元，同比增长7.3%，高于苏州市0.2个百分点。张家港市也是政府向经营性服务组织购买农业公益性服务机制创新试点县。张家港市坚持以工补农、工业反哺农业的发展思路，不断加大财政投入，积极引入市场机制，通过政府订购、定向委托、以奖代补、招投标等方式，引导科研院所、专业合作社、龙头企业、检疫机构等社会化服务主体在公开公平的竞争条件下，积极开展农业园区规划设计、农业技术研发推广、农作物统一供种、农机作业、集中育秧等农业社会化服务，以政府力量引导社会力量集聚，做好农业配套服务。

2016年张家港市将优化农机公共服务体系作为便民惠农的具体举措，大力实施农机化公共服务提升工程。按照“硬件再提高、功能再完善、软件再细化”的要求，对全市已建的25个标准化农机场库和9个镇级农机维修点进行了提档升级，确保了标准化农机场库和镇级农机维修中心正常运行、发挥作用。全市已构建起以市农机技术推广站为龙头、镇级农机维修中心为主体、新型农机专业合作社（维修点）为补充的全市农机维修网络，做到“小修不出村、大修不出镇”，基本解决了农机“维修难、难维修”问题，为粮食生产全程机械化推进起到了保驾护航的作用。

张家港市财政预算分别安排了1 300万元、1 144万元用于粮食生产全程机械化推进专项资金。形成了以财政资金为引导，农民和农村集体投入为主体，社会资金为补充的多渠道、多元化投入机制，建立了农机化投入的长效发展机制。

3. 运行机制

张家港市在推进全程机械化过程中，将创建活动定位为“一项政治任务，一种内在需求，一项创新工程”，依靠财政扶持通过政府购买实施公益性服务。

（1）培育服务主体。政府购买农业公益性服务，首先需解决“向谁买”的问题上。该市利用已有资源培育服务主体，大力培育专业服务公司、农民合作社、专业服务队、动物诊疗机构等经营性服务组织，鼓励和支持其承担农业公益性服务，探索建立资质标准、服务质量要求等操作规范。2010年张家港市率先在全国推进农药“零差率”集中配送，所依托的服务主体就是现有供销系统的农资经营网络。以张家港市为农资配送中心为核心，各镇的数家农资配送站点为支撑，构建起了农药集中配送的“一条线经营”体系。

2017 年在政府购买水稻集中育供秧服务方面，经过遴选确定了服务制度规范、收费价格合理、信誉度较高的乐源农业社会化服务合作联社。该合作联社由乐余镇政府和张家港市供销合作总社组建而成，分别持股 65% 和 35%，联社成员里集中了“农机、植保、种苗、劳务”四大专业合作社 42 家。政府对水稻育秧专用基质每吨补贴 400 元，可让大田秧苗成本降低 22 元/亩。同时设立粮食生产专业化服务试点专项资金 100 万元，2016 年对新建的工厂集中育秧中心补贴 60 万元，2015—2017 年利用粮食生产专业化服务试点专项资金奖励 43 万元。选择将育秧专用基质作为政府购买服务的切实点，从而减低大田育秧成本，减少育秧风险，引导种粮大户愿意接受统一育供秧服务，全市集中供秧比例达 37.3%。

截至 2017 年年底，张家港市开展农资配送、水稻工厂化育秧、植保统防统治、粮食烘干等生产性服务以及产品营销等产后服务，各类农业社会化专业服务组织达 240 多家。

（2）优化购买机制。张家湾市结合本地农业发展实际，先后制定政府购买服务实施意见、社会承接政府职能事项目录、稻麦良种补贴项目实施办法、农药集中配送体系建设实施意见等政策文件，对涉农公益性服务项目购买的主体、内容、操作办法等做出系统规定，建立符合地方实际、可操作性的政府购买服务工作机制。

在解决“如何买”的问题时，张家港市以补贴或者设立专项资金的方式，通过政府订购、定向委托、以奖代补、贷款担保、招投标等形式支持具有一定资质的经营性服务组织承担可量化、易监管、受益广的农业公益性服务，向社会提供农药零差价集中配送、水稻集中育供秧、动物防疫和稻麦统一供种服务，为张家港农业转型升级提供动能。

如张家港市农委每年 12 月向本市采购管理办公室提出下年度水稻良种采购申请，由采购办组织水稻良种招标采购，确定供种企业。农药配送则由张家港市农药集中配送招标小组对全市所需主要农药品种进行招标或价格议标后，确定供货企业。农药统一招标采购，中标农药的结算价格应是当时市场最低价。实行农药出厂价“零差价”销售，配送成本由财政比例补贴。同时，对农药配送综合差率进行补贴。大宗作物农药综合差率为 18%，其中农药配送批发企业为 6%，基层配送点为 12%。对于水稻育供秧补贴项目，则选取种粮大户、农机合作社、农业公司、村集体组织为育供秧主体，按协议价购买秧苗，财政给予水稻育秧物化补贴，对集中育秧服务中心补贴。

4. 总结

工业反哺农业是工业化发展到一定阶段后，国家进行结构性战略转型的必然选择。工业反哺农业的实质是要建立公共财政体制、完善转移支付制度、形成完善的农业支持保护体系。张家港综合实力常年位居全国百强县前列，全市城镇化率已经接近70%，全市160万常住人口中直接从事农林牧副渔产业的约为3万人，以农业生产作为主要收入来源的仅为1.5万元。当地政府完全有能力通过加大财政投入，向农业社会化经营性组织购买农业公益性服务，培育和支持新型农业社会化服务组织，提高其生产经营的服务能力。

农业部门需积极统筹安排资金用于开展政府向经营性服务组织购买农业公益性服务建立长效机制。继续推进全市标准化农机场库建设和镇级农机维修中心提档升级；按“八统一”要求，重点培育十家市级示范合作社，继续推动农机合作社向规模化、市场化、产业化发展。加大涉农项目资金统筹力度，结合高标准农田建设、农业综合开发、现代农业发展、农民合作社、农民培训、农产品产地初加工、国家现代农业示范区农业改革与建设试点、基层农技推广体系改革与建设等项目资金向社会化服务组织倾斜。给农机购置补贴、病虫害统防统治、测土配方施肥、“一喷三防”等财政项目的承担和实施的农机社会化服务组织予以重点支持安排。

（八）合作社示范带动模式——以江阴市为例

1. 概述

为了进一步提升农机合作社发展质量和整体水平，大力推进社会化服务，江苏在“十三五”期间开展了国家级、省级农机合作社示范创建活动，鼓励和支持“五有”型农机合作社（有完善的装备设施、有良好的运行机制、有健全的管理制度、有较大的服务规模、有显著的综合效益）等服务主体创新发展，推广联耕联种、全托管等新型服务模式，引导基础较好的农机合作社开展包括机收、植保、烘干、农产品加工等在内的“一条龙”农机作业服务以及技术培训、信息服务、购销服务和新技术新机具试验示范等综合服务。2016年全省共创建国家级农机合作社示范社15家，省级农机合作社示范社209家，2017年，新增国际级农机合作社示范社20家，省级201家。为了解决农机合作社场库用地难问题，2017年，省级财政还安排2 500万元项目资金扶持200

个合作社机库和50个维修点建设。截至2016年年底，全省农机合作社总数达7 544个，入社成员52万人，资产总值14.3亿元，机具总数59万多台套，服务农户560多万户。

农机合作社还是农业新品种、新技术推广应用的示范者，成为推进农业机械化、发展现代农业、推进农业科技进步的重要力量。为了提高产值，农机合作社不断延长产业链，利用自身在农机方面的优势，拓展经营领域，由原来单一的农田作业发展到现在的农机销售、维修和配件供应、农业运输、农机培训、跨区作业、农产品初加工等多种经营；积极承担政府部门农机化示范推广项目，发展农机维修、租赁等社会化服务，将“鸡蛋放在多个篮子”保障了粮食安全，促进产业发展和农民增收。

2. 实施成效

2016年，农业部办公厅、财政部办公厅联合下发《关于做好2016年农业生产全程社会化服务试点工作的通知》，文件中要求通过对农业生产社会化服务关键和薄弱环节的支持，大力培育多种形式的农业社会化服务组织；要求从小规模分散服务向大规模整建制服务转变，从资源消耗型生产方式向集约型现代农业生产方式转变，推进农业全程机械化、规模化、集约化发展，改善农业生态环境，提高农业生产效率，增强农业综合生产能力。

江阴市入选农业生产全程社会化服务试点县，通过调研结合全市农业社会化服务基础和现状，确定了华士镇、祝塘镇和长泾镇作为试点镇。整个项目以江阴市苏欣农机协会为主体，一村一人，委派专职社会化服务员，与所在村分管农业的副主任、有威望的老队长等相关人员组成社会服务协调小组，专门负责社会化服务工作的协调、对接以及服务质量的监督检查。苏欣农机协会会同镇农业服务中心，对农机合作社所在辖区内的农机服务作业统一区域划定、统一签订服务协议、统一农机调度、统一作业标准。

目前，江阴市拥有农机合作社94家，其中，获得全国农机示范合作社1家，省级示范农机合作社5家，无锡市示范农机合作社13家。江阴市具备粮食生产六大环节全程机械化能力的有73家；拥有维修网点38个，其中，二级维修点14个，三级维修点24个。2017年，全市机械耕整、机械种植、机械植保和机械收获等农机作业总面积达到134.67万亩，其中农机合作社农机作业面积达到113.78万亩，占总作业面积84%。

3. 运行机制

江阴市在创建全程机械化过程中，遵循“政府引导、装备支撑、技术引领、服务保障、协同推进”的指导原则，按照“扶优培强”的思路培植一批“市场化、专业化、规模化、规范化”的农机专业合作组织，推行订单作业、托管服务、租赁服务，推进规模经营，创建一批国家级、省级农机合作社示范社。

（1）壮大主体。江阴结合农业部农业生产全程社会化服务项目共同推动全市粮食生产全程机械化。项目由江阴市苏欣农机协会具体实施，负责农机服务组织（服务联合体）的选定、工作量划分、农机的调度、服务人员的培训、服务面积的统计核定、各个环节的服务及相关资料的收集整理等。苏欣农机协会在项目区原有核心会员基础上又组建长泾、祝塘、华士 3 个农机分会，将一些闲散的机手、机具集中起来，形成团队，规模有序，高效开展社会化服务工作。

由于江阴市耕地面积较小，2017 年小麦种植面积为 13.71 万亩，水稻种植面积为 14.84 万亩。各乡镇可将各村的土地通过托管、流转等方式集中到 3~5 个种粮大户、农机大户、合作社手里，通过土地规模化来实现规模化。苏欣农机协会、村干部、农机服务主体这三者之间相互合作、沟通、调度，可以有效吸纳周边机械单一、能力单薄的小而散的农机手和闲置农机，使得农机综合利用率提高了 20%以上，平均单机作业量提高 30%以上。全市农机服务组织的服务能力得到了有效提升，粮食生产全程机械化得到了快速发展，特别是机插秧、高效植保、烘干等薄弱环节。

（2）加大补贴。为了积极培育农机服务主体，江阴市还制订了《农机专业合作社开展粮食规模经营奖补实施办法》《江阴市农机专业合作社、农机大户开展“一条龙”农机作业服务奖补实施办法》等奖励办法，进一步激励农机专业合作社、农机大户积极参与粮食生产全程机械化示范县建设。在粮食生产全程机械化示范县创建过程中，全市建立完善农机作业补助政策，充分发挥财政资金的引导作用。同时，加大基础设施建设力度。将粮食生产全程机械化创建作为高标准农田建设的重要内容，积极推动农田水利基础设施建设和土地整理，加强农村机耕道路、桥梁等配套设施建设，促进农村土地承包经营权有序流转，为规模化的农机作业服务创造条件。支持农机合作社、农机大户兴建农机具库棚和农机维修网点等，进一步落实粮食生产经营组织粮食烘干用电享受农业用电，以及农机库棚、维修场所和烘干配套设施用地等政策，充分调动农业生产经营组织应用粮食生产机械化技术的积极性。

2017 年，全市农机化总投入 3 147 万元，其中，中央及省级财政资金投入

903 万元，无锡市级财政资金投入 392 万元，江阴市级财政资金投入 832 万元。其中，无锡市奖补 11 个“育插秧中心”和 20 个“烘干中心”共计 172 万元，省级奖补创建示范乡镇 200 万元，无锡市奖补创建示范乡镇 200 万元。农业生产全程社会化服务试点项目资金总投入约为 1 000 余万元，主要用于水稻、小麦重点环节作业补贴和服务平台建设，即集中育供秧中心建设、农机集中维修保养中心建设和农机农艺技术培训中心建设，具体补助标准见表 4–2。

表 4–2　粮食生产全程社会化服务重点补助环节及补助比例标准

作物类别	作业内容	作业成本（元/亩）	补助比例（%）	补助金额（元/亩）
水稻	统一育供秧	120	35	42
	机插（带秧）	100	20	20
	统防统治	200	30	60
	机收（含秸秆粉碎）	110	10	11
	烘干	130	10	13
	小计	660		146
小麦	统防统治	70	35	25
	机收（含秸秆粉碎）	100	10	10
	烘干	70	14	10
	小计	240		45
合计		900		191

4. 总结

江阴市利用苏欣农机协会资源多、机械调度能力和维修保养能力强等优势，打造了“以合作组织为基础、技术服务为保障”的农业社会化服务平台，全面提高了农机服务作业、技术和管理水平。农机合作社作为新兴经营主体，具有农机技术和农业装备上的优势，可以面向广大农户提供全程机械化的作业服务。但是目前部分农机合作社在管理上还存在运行机制上不够规范，没有形成有效的股权、社员激励机制等问题。在经营方面，也面临着土地流转难、机具更新太快、人才短缺年龄老化等问题。因为江阴当地高效农业发展较好，经济效益高，推动了当地土地租金的上涨，造成了农机合作社种粮土地租金逐年上涨，而土地流转期限又短；另一方面受传统观念的影响，农村一些年龄大的农户仍然将土地看得很重，不愿意将土地流转给他人耕种。现阶段合作社的核心成员年龄基本都在 40 岁以上，文化水平以初中、高中为主，知识结构和经营管理水平偏低。如若还全凭经验摸索着来，已很难适应现代化农业的发展需要。合作社的发展急需一批懂技术、会管理、有思想、有策略的新鲜血液补充进来，但合作社一般位于农村等偏远地区，环境待遇与城市相比差距较大，很难招来并留住急需的人才。另外目前农机具更新速度较快，而农业收益回收期又较长，对合作社来讲，面临着资金短缺问题。

为了进一步规范和创新农机合作社发展，需切实帮助解决农机合作社经营过程中遇到的土地流转、人才、资金短缺等问题。鼓励有实力的合作社通过开展农机作业服务、农产品加工、粮食烘干、生产资料经营等农业生产"一条龙"服务，拓展合作社经营的产业链，将服务由产中向产前、产后延伸。引导合作社建立内控制度，用现代化的管理体系和思路来管理合作社，建立合理的激励机制，调动社员的积极性，形成合作社发展的合力。积极推动农机服务主体开展横向联合与纵向协作，成立农机合作社联社、农业服务公司、农机维修中心、农机租赁公司等。

（执笔人：吴萍　王祎娜）

第五章　江苏粮食生产全程机械化综合效益评价

本章以实地调研粮食全程机械化生产主体采集的数据为基础，分别统计分析稻麦周年和麦玉周年全程机械化生产模式对比传统人工作业模式下的每亩平均节本增收情况，并综合评估粮食生产全程机械化的经济效益、社会效益和生态效益。

一、节本增收情况分析

为科学、客观地分析粮食全程机械化生产方式对比传统的生产方式所带来的节本与增收情况，走访江苏省粮食生产全程机械化首批 15 个示范县中的 8 个，选择典型生产主体开展了广泛的面对面问卷调查，从而获得大量的第一手资料，在此基础上进行统计分析。调研地区包括江阴市、沛县、金坛区、如皋市、灌南县、亭湖区、江都区和泗阳县。每个区域各抽样 1~2 个乡镇，问卷调研合作社、家庭农场、种粮大户、农机大户和小农合计 40 余户，并与当地农机管理人员、农机推广技术人员等进行了广泛深入的座谈研讨和交流。根据调查了解，节本增收主要来源于两大方面：一是全程机械化种植所带来的节约农资和节约人工成本；二是科学种植管理方式下粮食增产和品质提升所带来的增收效益。

(一) 稻麦周年生产节本与增收

1. 全程机械化种植与传统手工种植成本差异

本部分主要分析稻麦种植和植保两个环节的成本差异。种植环节，将水稻机插秧和手直播对比，小麦机条播与手撒播对比；植保环节，将高效植保与传统背负式植保对比。根据调研情况，全程机械化种植比传统手工种植节本情况明显，主要体现在以下方面。

（1）水稻机插秧与手直播对比。

育秧：水稻机插秧比手直播多一道育秧程序，大田育秧方式下，除种子以外育秧成本（含秧池田租金、池田整地开沟费用、浸种药剂费、壮秧剂、营养土、无纺布、秧盘、育秧用工费、人工起运秧费）平均为70~90元/亩。

开沟：手直播比机插秧多一道开沟程序，作业费用为20~25元。

种子费用：机插秧平均用种量4~5千克/亩，手直播平均用种量7.5~10千克/亩，机插秧比手直播平均节种3.5~5千克/亩，种子价格按8元/千克计，则节本28~40元/亩。

播种作业费：机插秧作业费（不带秧的价格）平均为65~75元/亩，人工撒种效率按15亩/（人·天）计，人工费用按100元/（人·天）计，则手撒播作业费用为6.7元/亩，但手撒播会出现不均匀的现象，还需要补种一遍，因此作业费用平均为10元/亩，机插秧比手直播播种作业费用高55~65元/亩。

施肥：机插秧平均比手直播少用肥料20~30元/亩，此外全程机械化作业方式下必然采用机械施肥，并且往往在机插秧的同时进行侧身施肥，减少一次施肥作业费，追肥作业费用为3.5元/亩，即使没有采用侧身施肥，作业费用也仅为7元/亩，而人工撒基肥和追肥的作业效率分别为15亩/（人·天）和10亩/（人·天），人工撒肥的作业费用为6.7+10=16.7元/亩，因此机插秧比手直播施肥作业费用节本10~13元/亩。

除草：手直播的草害往往比机插秧的要厉害得多，因此除草药剂费用也相对较高，封闭用药和茎叶处理两次除草药剂费用平均高出30元/亩，此外，手直播的秧苗生长后期还需要除草补防1~2次，均为人工作业，费用在50~70元不等。

综上，机插秧比手直播在种植环节节本33~53元/亩（表5-1）。

表5-1　水稻机插秧与手直播成本对比　　单位：元/亩

作业内容	机插秧	手直播	节本
育秧	70~90	0	-（70~90）
开沟	0	20~30	20~30
种子费用	32~40	60~80	28~40
播种作业费	65~75	10	-（55~65）
施肥：肥料	150~180	170~210	20~30

（续表）

作业内容	机插秧	手直播	节本
作业费	3.5~7.0	16.5	10~13
除草：封闭药+茎叶处理	30~45	60~75	30
除草补防	0	50~70	50~70
节本总计			33~53

（2）小麦机条播与手撒播对比。

种子费用：机条播平均用种量 12.5~17.5 千克/亩，手撒播平均用种 17.5~25 千克/亩，机条播比手撒播节种 5~7.5 千克/亩，按 4 元/千克计，则节本 20~30 元/亩。

播种作业费：机条播作业费 50~65 元/亩，手撒播作业效率按 15 亩/（人·天）计，人工费按 100 元/（人·天）计，则每亩费用为 6.7 元/亩，但小麦播种为了保证均匀度和出苗率，往往需要撒两遍，则手撒播作业费用平均为 13 元/亩，因此机条播比手撒播播种作业费多 37~52 元/亩。

施肥：小麦机条播是复式作业，播种、施肥一体，因此相比手撒播少一道施肥工序，机械追肥的费用为 3.5 元/亩，而手撒播时，基肥和追肥作业费用合计为 16.7 元/亩，在不考虑肥料用量差异的情况下，机条播比手撒播作业费节本 13 元/亩。

其他：手撒播相比机条播，多出旋耕、盖籽和增压这几道工序，因此作业费用相应增加 30~40 元/亩。

综上，小麦机条播比手撒播作业节本 21~36 元/亩（表 5-2）。

表 5-2　小麦机条播与手撒播成本对比　　单位：元/亩

作业内容	机条播	手撒播	节本
种子费用	50~70	70~100	20~30
播种作业费	50~65	13	-（37~52）
施肥：肥料	150~180	150~180	0
作业费	3.5	16.7	13
其他：旋耕、盖籽、镇压等	0	30~40	30~40
节本总计			21~36

（3）高效植保与背负式植保对比。

粮食生产全程机械化实施以来，大力推广高地隙和无人机等高效植保机械，这两种机型作业价格分别为每次5元/亩和8元/亩。而传统的背负式植保机作业效率为5亩/（人·天），按60元/（人·天）计（因为作业时间短，不能按完整的一天工资计），则作业价格为12元/亩，则高效作业方式对比传统背负式植保方式，每次作业节本5~7元/亩。

水稻植保一般3~4次，即使不考虑用药量的差异，植保环节节本15~28元/亩。

小麦植保一般2~3次，即使不考虑用药量的差异，植保环节节本10~21元/亩。

因此，根据以上总结，稻麦全程机械化生产相比传统种植方式，至少节本79元/亩以上，平均为108元/亩。

2. 机插机播与直播撒播产量差异

采用机插秧或机条播等机械化种植技术的农户往往更注重科学种植和科学管理，因此产量普遍比传统人工种植的更高。根据农户调查和专家认可，水稻机插秧平均比手直播增产15~25千克/亩；小麦机条播比手撒播增产10~15千克/亩。

增产即意味着增收，而机插秧带来的增收还不仅仅来自于增产，还有稻谷品质差异所引起的价格差异，机插稻颗粒比较均匀、更饱满、出米率更高，且不会出现红米（直播稻极易因再生稻而出现红米的现象），同等条件下售价一般比直播稻高0.06元/千克左右；机条播与手撒播小麦的价格差异并不明显。

（1）当干燥处理至达到标准水分。

若当年稻谷国家收购指导价为3元/千克，则机插稻价格能卖到2.9~3元/千克左右，同等条件下直播稻只能卖到2.84~2.91元/千克。若机插稻产量为600千克/亩，直播稻产量低25千克为575千克，则增收=600×（2.9~3）-575×（2.84~2.94）=107~109.5元/亩。

因机条播与手撒播小麦的价格差异并不差异，机条播的增收效益主要来自于增产。若当年小麦国家收购指导价为2.4元/千克，则农户一般能卖到2.3~2.4元/千克。若机条播小麦产量为400千克/亩，手撒播小麦产量低15千克为385千克，则增收=15×（2.3~2.4）=34.5~36元/亩。

（2）若干燥处理前卖出。

假定机插稻的价格为2.2~2.4元/千克，则直播稻的价格为2.14~2.34

元/千克;小麦的价格为 2.1～2.2 元/千克。则水稻增收=600×（2.2～2.4）－575×（2.14～2.34）=89.5～94.5 元/亩；小麦增收=15×（2.1～2.2）=63～66 元/千克。

可以看出，无论是干燥后出售还是潮粮直接出售，水稻机插秧因产量和稻谷品质改善所带来的增收效益至少在 90 元/亩以上，小麦因机条播带来的增产效益至少在 30 元/亩以上。

3. 机械烘干与自然晾晒效益对比

国家收储要求粮食品质至少达到国家标准（GB 1350—2009）《稻谷》和（GB 1351—2008）《小麦》标准中规定的三级标准，烘干的粮食因在烘干之前就经过除杂处理，并且烘干过程不会破坏谷粒的完整性，而自然晾晒则会在晾晒过程中掺入杂质，并且在场地或道路上会遭到车辆和人的碾压，谷粒完整度遭到一定程度的破坏，因此烘干的粮食会比自然晾晒的粮食在含杂率、整精米率等指标方面更优秀，从而同等条件下售卖价格往往高出 0.04 元/千克左右。

此外，机械烘干可以精准控制水分达到国家标准，从而价格能按国家粮食指导价卖出，即稻谷 3.0 元/千克，小麦 2.4 元/千克。而自然晾晒的粮食，由于水分不能精准控制，往往晒后的含水率仍达不到国家标准，卖出时，含水率一般会按高 1 个百分点，故扣 0.04 元/千克。

因此，计算烘干的增收效益要考虑成本差和价格差两方面的因素。正常气候条件下可按以下成本计算。

（1）干燥成本。

自然晾晒成本：按目前农户家庭拥有水泥场地规模，平均可晾晒 1 500 千克左右粮食，因晾晒工种特别简单，费用按每人每天 30 元计。正常气候条件下，稻谷收割后含水率低于 25.5%，即不高于标准水分 10 个百分点时，大概需要晾晒 3 天，则晾晒成本为 30/1 500×3=0.06 元/千克；小麦收割后含水率低于 18.5%，即不高于标准水分 5 个百分点时，大概需要晾晒 2 天，则晾晒成本为 30/1 500×2=0.04 元/千克。

机械烘干成本：机械烘干成本因燃料类型而有所差异，目前主要存在煤、生物质、天然气和柴油四种燃料类型，当水稻含水率不超过标准水分 10 个百分点时，煤燃料的烘干成本为 0.04～0.08 元/千克，生物质燃料的烘干成本为 0.06～0.10 元/千克，天然气的烘干成本为 0.08～0.12 元/千克，柴油的烘干成本为 0.12～0.16 元/千克。小麦由于含水率偏低，一般低于 20%，因此烘干成本也会相应降低 0.02~0.04 元/千克。

值得一提的是，烘干成本应以潮粮的重量为基数计算，而前文提到的产量数据指的是达到国家标准水分的重量。潮粮重量 = 产量数据/（1-比标准值高出的水分点×1.4%）。

（2）烘干效益。

可以看出，烧煤的机械烘干成本大体与人工自然晾晒相同，其他燃料烘干的成本基本都高于自然晾晒的成本。但由于煤燃料涉及环保问题正面临整改即将淘汰，因此今后一段时间内机械的烘干成本一般都会比自然晾晒要高。由于烘干成本因燃料不同而差异较大，以下分别举例来说明*。

A. 水稻。以稻谷产量为 600 千克/亩来计，正常气候条件下含水率为 20%~25%。当含水率高于标准水分 10 个点时，则潮粮重量=600/（1-10×1.4%）=697.7 千克/亩。

若烘干成本为 0.10 元/千克：烘干成本=0.10×697.7=69.8 元/亩，自然晾晒成本 = 0.06×697.7= 41.9 元/亩。烘干比自然晾晒成本高出=69.8-41.9=27.9 元/亩。但烘干后粮食能按 3.0 元/千克卖出；自然晾晒后水分率往往仍然不能达标，如果水分率高 2 个百分点，则会被扣 0.08 元/千克，再加之品相差异所导致的价格差异，则只能以 2.88 元/千克卖出，因此，烘干比自然晾晒增收=（3.0-2.88）×600-27.9=44.1 元/亩。

若烘干成本为 0.14 元/千克：则烘干成本比自然晾晒成本高出=（0.06-0.14）×697.7=55.8 元/亩，但烘干后仍然比自然晾晒增收=（3.0-2.88）×600-55.8=16.2 元/亩。

由此可以看出，虽然机械烘干的成本高于自然晾晒的成本，但稻谷的烘干成本往往不超过 100 元/亩，与自然晾晒的成本差距较小，且烘干可以精准控制水分，粮食能按最高收购价卖出，因此烘干相比自然晾晒，增收效益依然明显。

B. 小麦。以小麦产量为 400 千克/亩来计，正常气候条件下含水率在 20%以下。当含水率高于标准水分 5 个点时，则潮粮重量=400/（1-5×1.4%）=430 千克/亩。由于小麦的含水率较低，因此自然晾晒后也能达到标准水分，从而价格不会因水分而扣减，只因品相差异而低 0.04 元/千克。

---

* 注：此处分析不考虑机插稻/条播麦和直播稻/撒播麦的区别，以机插稻/机播麦为例单纯分析烘干与自然晾晒的差别。

若烘干成本为 0.06 元/千克：则烘干比自然晾晒成本高出 =（0.04－0.06）×430=8.6 元/亩，烘干比自然晾晒增收 =（2.4×400－2.36×400）－8.6 =7.2 元/亩。

若烘干成本为 0.10 元/千克：则烘干成本比自然晾晒成本高出 =（0.04－0.10）×430=25.8 元/亩。烘干比自然晾晒增收高出 =（2.4×400－2.36×400）－25.8=9.8 元/亩。可见小麦用柴油烘干时略微不划算。

综上，水稻和小麦的自然晾晒成本为 0.03 元/亩和 0.02 元/亩。当水稻和小麦烘干成本分别为 0.10 元/千克和 0.06 元/千克时，稻麦烘干比自然晾晒增收合计为 51.3 元/亩；当水稻和小麦烘干成本分别为 0.14 元/千克和 0.10 元/千克时，稻麦烘干比自然晾晒增收合计为 6.4 元/亩。因此，正常气候条件下虽然烘干成本比自然晾晒高，但烘干依然会增收 6.4~51.3 元/亩。

异常气候条件下，遇到极端天气如连续或断续阴雨时，根本无法自然晾晒，只能卖潮粮，如 2015 年时有些农户只能以 1.0~1.2 元/千克的价格卖出粮食，而烘干则不会受到场地、天气和储藏条件的影响，并且可以烘干后待价而售，对抗价格风险的能力提高，在极端气候时保粮增收效益更明显。

4. 稻麦周年全程机械化生产节本增效

上文第 3 部分分析时没有考虑机插稻与直播稻的产量和品质差异，因此本部分继续深入讨论，将机插稻（条播麦）烘干后与直播稻（撒播麦）晾晒后所得的收益差（即“机插稻/条播麦/+烘干” vs “直播稻/撒播麦+晾晒”）。此处仅分析正常气候条件下的增收效益。

A. 水稻。假定：

机插秧产量为 1 200 元/亩，烘干成本为 0.1 元/千克*，售价 3.0 元/千克；

手直播产量为 1 150 元/亩，晾晒成本为 0.06 元/千克，售价 2.82 元/千克（颗粒饱满度和出米率等问题少 0.06 元/千克，晾晒含杂率和整精米率等问题少 0.04 元/千克，水分问题扣 0.08 元/千克）。

则：因产量和价格差异所引起的收益差减去烘干高出的成本部分，再加上种植过程中的节本情况，计算出水稻全程机械化生产对比传统种植晾晒方式，节本增效合计为 206.8~254.8 元/亩（表 5-3）。

* 注：由于柴油烘干机保有量较少，并且从上文举例情况来看，即使烘干成本更高，但烘干依然有效益。因此本处烘干成本参考生物质燃料成本的均值。

表 5-3 稻麦周年全程机械化生产节本与增收

项目	水稻		小麦	
	机插秧+烘干	手直播+晾晒	机条播+烘干	手撒播+晾晒
产量（千克/亩）	600	575	400	385
价格（元/千克）	3.0	2.82	2.4	2.36
干燥单位成本（元/千克）	0.10	0.06	0.06	0.04
烘干/晾晒成本（元/亩）	69.8	40.1	25.8	16.6
收入（元/亩）	1 800	1 622	960	908.6
增收（元/亩）	148.8		42.2	
种植+植保节本（元/亩）	48~81；均值 64.5		31~57；均值 44	
节本增收合计（元/亩）	270~329			

B. 小麦。假定：

机条播产量为 400 千克/亩，烘干成本为 0.06 元/千克，售价 2.4 元/千克；

手撒播产量为 385 千克/亩，晾晒成本为 0.04 元/千克，售价 2.36 元/千克（晾晒含杂率和整精米率等问题少 0.04 元/千克，其他品质无差异，水分也都达标）。

则：小麦全程机械化生产对比传统种植晾晒方式，节本增效合计为 73.2~99.2 元/亩（表 5-3）。

综上，当全程机械化种植的水稻、小麦每亩产量为 600 千克、400 千克，而传统人工种植方式下亩亩产分别低 25 千克、15 千克时，稻麦合计节本增效为 270~329 元/亩。

（二）麦玉周年生产节本与增收

1. 玉米全程机械化生产与传统种植方式成本差异

（1）玉米机穴播与玉米半机械化（手持式播种器）对比。

种子费用：玉米全程机械化生产，采用机穴播精量播种，平均每亩用种 2 千克，而传统种植方式下，用手持式播种器播种，每亩用种量平均为 3.5 千克。种子价格按 36 元/千克计，则节约用种费用=（3.5−2）×36=54 元/亩。

播种作业费：机穴播作用费用为 40 元/亩。而传统手持式播种器作用效率只有 2 亩/天，人工工资按 100 元/天计，则播种作业费用为 50 元/亩。因此播种作业节本 = 50-40 = 10 元/亩。

施肥：虽然实施全程机械化生产以来，在施用肥料量上并无明显减少，但玉米机械化播种一般都是机穴播与施肥一体化作业，因此减少一道施肥工序，机械化追肥作业价格为 3.5 元/亩左右。而人工撒肥的作业效率只能达到 15 亩/天，基肥加追肥两遍作业费用为 6.7×2 = 13.4 元/亩。因此施肥作业节本 = 13.4-3.5≈10 元/亩。

综上，玉米全程机械化生产相比传统半机械化种植方式，在种植过程节本 74 元/亩。

（2）高效植保与背负式植保对比。

玉米种植过程一般需植保 2 次。

高效植保方式：用高地隙植保机，单次作业费用为 6 元/亩。

传统植保方式：单次作业费用为 12 元/亩。

因此高效植保后节本 = （12-6）×2 = 12 元/亩。

（3）机械化收获与人工收获对比。

玉米机收：带秸秆还田机的玉米机收作业费用为 100 元/亩左右。玉米机收同时进行了剥皮处理。

人工收获：传统人工收获玉米，效率低下，平均每人每天只能完成 1~1.5 亩地的收获，并且手掰玉米还需要另外用人工进行剥皮处理，收获成本大致在 80 元/亩左右；收货后还需要进行秸秆还田，机械作业费用为 50 元/亩。

因此，玉米机收（加秸秆还田）节本 30 元/亩。

综上，玉米实施全程机械化生产以来，种植过程中实现节本 116 元/亩。

2. 玉米全程机械化生产与传统种植方式产量差异

玉米实施免耕播种、穴播施肥一体作业，并通过精量播种、合理控制播种深度以及科学管理，保证了玉米出苗率，提高了化肥吸收利用率等，带来玉米增产 50~100 千克/亩。增产即意味着增收，举例来说：全程机械化生产方式下，玉米产量达到 500 千克/亩；传统手工种植只有 450 千克/亩。价格按 1.46 元/千克计，则增收 = （500-450）×1.46 = 73 元/亩。

3. 麦玉周年全程机械化生产节本增效

由于稻麦谷物烘干机并不完全适用于玉米籽粒的烘干，目前市场上适用于玉米的烘干机械还不多见，全程机械化生产对玉米烘干环节也暂不做考核。因此，根据上文分析，玉米全程机械化生产可实现节本增收 189 元/亩，再加上小麦，则麦玉周年全程机械化生产可实现节本增收效益在262~288元/亩（表5-4）。

表5-4　麦玉周年全程机械化生产节本增收效益

项目	小麦		玉米	
	机条播+烘干	手撒播+晾晒	机穴播+机收	手穴播+人收
产量（千克/亩）	400	335	500	450
价格（元/千克）	2.4	2.36	1.46	1.46
干燥成本（元/千克）	0.06	0.04	—	—
收入（元/亩）	960	908.6	730	657
增收（元/亩）	42.2		73	
种植过程节本（元/亩）	31~57；均值44		116	
节本增收合计（元/亩）	262~288			

二、效益分析

自2016年实施粮食生产全程机械化整省推进工程以来，全省66个农业大县（市、区）积极响应，其中30多个县（市、区）明确表示要争取全省示范县创建，并有15个粮食生产全程机械化示范县通过考核评价。粮食生产全程机械化整省推进工程实施两年来，农机化呈现出“一优、二强、二降”的良好趋势。在保障粮食综合生产能力、促进粮食产业绿色高质量发展、培育农业新型主体、稳定农民种粮信心、促进富民增收、改土增肥减药控害推动美丽乡村建设等方面都取得了显著成效。

（一）经济效益

实施粮食生产全程机械化工程以来，大力推广育插秧、小麦机条播复式作业、玉米机穴播复式作业、高效植保、玉米机收等技术，提升谷物产地烘干能力，稻麦周年和麦玉周年生产至少实现节本增收270元/亩（表5-5）和262元/亩（表5-4），就2017年首批15个示范县而言，可合计实现节本增收106 740.03万元，较2015年增加15 810.39万元（表5-5），经济效益十分显著。

表 5-5　首批 15 个示范县节本增收合计

项目			数量	作业面积（万亩）		节本增效（万元）	
				2017 年	新增	2017 年	新增
种植（播种、施肥、除草）	水稻	节种量（千克/亩）	3.5				
		节肥量（千克/亩）	15				
		节本（元/亩）	43	463.34	40.92	19 923.41	1 759.35
	小麦	节种量（千克/亩）	5				
		节本（元/亩）	21	533.96	84.36	11 213.20	1 771.60
	玉米	节种量（千克/亩）	2				
		节本（元/亩）	74	32.60	9.90	2 412.40	732.60
高效植保	水稻	节本（元/亩）	15	497.64	169.96	7 464.60	2 549.40
	小麦	节本（元/亩）	10	522.41	187.83	5 224.10	1 878.30
	玉米	节本（元/亩）	12	32.73	15.24	392.76	182.88
烘干	水稻	节本（元/千克）	-0.04				
		价格提高（元/千克）	0.12				
		增收（元/千克）	0.08	219.56	126.54	8.78	0.35
	小麦	节本（元/千克）	-0.02				
		价格提高（元/千克）	0.04				
		增收（元/千克）	0.02	198.39	114.34	1.98	0.02
全程机械化增产	水稻	增产（千克/亩）	25				
		价格提高（元/千克）	0.06				
		增收（元/亩）	90	463.34	40.92	41 700.15	3 682.35
	小麦	增产（千克/亩）	25				
		增收（元/亩）	30	533.96	84.36	16 018.85	2 530.85
	玉米	增产（千克/亩）	50				
		增收（元/亩）	73	32.60	9.90	2 379.80	722.70
节本增效合计						106 740.03	15 810.39

具体而言，粮食生产全程机械化带来的经济效益主要体现在以下几个方面。

1. 节种节肥降低生产成本

水稻育秧和小麦机条播能做到精量播种，相比传统粗放的人工手撒播种，可大量节省用种量，提高播种质量，水稻平均每亩节省用种费用。水稻平均每亩节种费用达 28~40 元，小麦达 20~30 元，玉米达 50~60 元，水稻机插秧相比直播可大大缩短大田生育期，降低草害；机插秧成行成矩，通风透光，便于田间管理机械下田作业，有利于肥药的精准高效施用，降低田间管理成本，水稻机插秧相比直播稻平均可节约肥料 20~30 元，节省除草费用 80~100 元；同时侧深施肥、复式播种、高效植保等高效机械化技术的广泛应用大大降低了播栽和田间管理作业成本，经综合统计分析，全程机械化生产模式相比传统种植模式，水稻可节本 48~81 元/亩，小麦可节本 31~57 元/亩，水稻可节本超 100 元/亩。随着农资价格和用工成本的上涨，全程机械化生产的节本增效将愈加明显。

2. 节工提效提升生产效率

相比传统手工种植方式，机械化生产的效率大大提升。如机插秧作业效率能达到 50 亩/天左右，小麦机条播更高，而人工播种作业效率仅有 15 亩/天左右，机械的作业效率是人工的 3 倍多，施肥亦是如此；采用无人机、高地隙等高效植保作业效率可达 80~100 亩/天，而传统背负式植保机仅有 5 亩/天，高效植保的作业效率是传统方式的 16~20 倍。并且小麦机条播能一次完成开沟、播种、覆土、增压、施肥等多道作业工序，水稻机插秧和玉米穴播也可同时完成侧身施肥，大大简化了种植流程，减轻对人工的需求，节工即意味着节本。随着农业劳动力减量化和老龄化趋势日益突出，机械化作业在节工提效方面的作用日益明显。伴随着机械性能的上升，人均播种面积和劳均粮食生产率逐步提高，人均播种面积接近 8 亩/人，劳均粮食生产率达到 3 746.85 千克/人，农业劳动生产率逐步接近世界先进水平。

3. 稳产增产保证粮食安全

水稻育插秧可以更好地规避天气风险，保证水稻能有较长的生长期，并且相比直播水稻草害减轻，从而更能稳定地获得高产；产地烘干能力的提升也在改善茬口衔接、保证播种期等方面发挥的巨大作用；加之小麦机条播是复式作业，在应对冷冻天气变化、抢农时方面具有极大优势，并且通过精量播种、精准控制播种深度，保证冬小麦出苗率和茁壮成长，亦能稳定地获得高产。实验和调研结果均表明，机插秧、机条播的全程机械化种植相比传统直播、撒播的小农粗放式种植方式，稻麦分别增产 15~25 千克/亩，甚至更高，玉米可增产50～100千克/亩。如果碰到极端天气，稳产效益更明显。稳产能够保证合作社、家庭农场和大户的种粮信心，从而保证国家粮食安全，而增产即意味着增收。

4. 品质提升提高农民收入

由于机械化作业的高效率，使得农业生产抗天气风险能力加强，农民可以选择生长周期更长、品质更好、口感更佳的水稻品种，如南粳9108、南粳9055、南粳46等优质品种逐步替代了淮稻5号等。并且机插秧普遍比直播稻的稻谷谷粒更饱满、颗粒更均匀、品相更佳，从而售价更高。水稻机插秧因产量和稻谷品质改善所带来的增收效益至少在90元/亩以上，小麦因机条播带来的增产效益至少在30元/亩以上，玉米因机穴播精量播种来的增产效益至少在70元/亩以上。加上粮食产地烘干能力的提升，使得“不落地大米”成为现实，减少了以往因在门前场地或道路上晾晒粮食引起的含杂率高、破损率高和污染率高的现象，使得粮食品相更佳并达到更高的品质标准，正常天气条件下即使不考虑增产，仅因烘干也会带来增收28元/亩左右。并且产地烘干设备的普及使得粮食不再受到天气、场地、储藏和短期价格波动的影响，大大降低粮食售卖的市场风险。综合以上因素，全程机械化生产的粮食可以卖出更高价格，再加之产量的稳定增加和人均生产率的提高，使得人均收入得以稳步提升。

（二）社会效益

1. 薄弱环节有效补强，农机化地位不断提高

粮食生产全程机械化创建工作得到了各级党委、政府的重视，财政部门积极安排专项资金农业部门主动加强育秧技术和田间管理等关键环节的指导，国土部门帮助化解烘干设备、农机库房等用地难题，社会各界满意度也很高，形成了“政府主导、部门作为、群众参与”的良好局面。随着粮食生产全程机械化创建工作的深入开展，有效弥补了粮食生产过程中的机械化种植、高效植保、粮食烘干等关键短板，促进示范县并带动全省农业生产薄弱环节的机械化水平进一步提高。2017年，全省水稻机插率稳定在75%左右，粮食产地烘干能力达到51%，比上年增长了近一倍，高效植保机械化能力超过60%，三大粮食作物六大环节全程机械化水平达83%。就15个示范县而言，水稻、小麦和玉米全程机械化水平分别达到92.71%、96.94%、83.01%（表5-6），其中水稻机插秧、小麦机条播、高效植保能力和秸秆还田机械化率分别比两年前提高 12. 81 个、16. 2 个、34. 22 个和 20. 52 个百分点。“无机不农、无农不机”已经成为现实，农业机械化在现代农业发展中的地位越来越重要，作用越来越突出，影响越来越深远。

表 5-6　首批 15 个示范县三大粮食作物全程机械化总体水平

类别	指标	水稻		小麦		玉米	
		机械化作业面积/量	机械化水平/能力（%）	机械化作业面积/量	机械化水平/能力（%）	机械化作业面积/量	机械化水平/能力（%）
生产条件	种植面积（万亩）	548. 26		587. 17		44. 40	
	产量（万吨）	333. 67		216. 48		16. 09	
耕整地	机耕面积（万亩）	545. 76	99. 55%	582. 66	99. 23%	38. 40	86. 49%
种植	机械化种植面积（万亩）	500. 80	91. 34%	533. 96	90. 94%	32. 60	73. 42%
	其中：机插秧面积（万亩）	463. 34	84. 51%				
收获	机收面积（万亩）	542. 82	99. 01%	587. 17	100. 00%	31. 54	71. 04%
植保	植保机械化能力（万亩）	543. 05	99. 05%	578. 68	98. 55%	36. 59	82. 41%
	其中：高效植保机械化能力（万亩）	497. 64	90. 77%	522. 41	88. 97%	32. 73	73. 72%
烘干	谷物烘干机总吨位（万吨）	10. 26	93. 26%	10. 26	100. 00%		
	其中：产地谷物烘干机吨位（万吨）	8. 83	80. 27%	8. 83	100. 00%		
	当年实际烘干谷物量（万吨）	219. 56	65. 80%	198. 39	33. 79%		
秸秆处理	秸秆机械化处理面积（万亩）	506. 33	92. 35%	567. 73	96. 69%	34. 17	76. 96%
	秸秆机械化还田面积（万亩）	453. 26	82. 67%	551. 01	93. 84%	33. 67	75. 83%
分作物综合机械化水平			92. 71%		96. 94%		83. 01%
粮食生产综合机械化水平		94. 03%					

2. 农业劳动力转移，农村土地流转率逐步提高

随着农业机械作业效率逐步提升，在省工节本等方面的效用日益突出，人均农业生产效率得到前所未有的提高，使得农村劳动力向二、三产业转移进度加快，伴随着农村剩余劳动力的老龄化，农村土地流转率也逐步提高。据统计，2016年全省农业劳动力较五年前减少148.13万人，农业从业人员占比从2012年的20.8%下降至17.7%，农村土地流转率达到60.2%，从而将逐渐彻底改变我国传统以小农经营为主的农业生产面貌。

3. 规模化程度提升，农业现代化生产步伐加快

粮食生产全程机械化，为土地的规模经营提供重要的物质技术装备基础，全省各地纷纷改建高标准农田，创新农地流转模式，加快土地流转，使得粮食生产得以实现集中连片和规模化经营。截至2017年年底，全省农机专业合作社达到8 807个，承担粮食生产全程机械化作业面积累计超5 000万亩，农机经营服务总收入达321.8亿元，成为农业生产和富民增收主力军；就首批15个示范县，农机经营服务主体数量已达7 137个，其中具备全程机械化作业服务能力的达到2 716个，占比38.06%，粮食生产全程机械化覆盖面积达到1 637.44万亩。建成粮食生产全程机械化集中示范方386个，核心示范面积超过80万亩。规模化经营更有利于大型、高效和智能农机作业，从而推动我国农业现代化生产步伐加快，不断缩短与发达国家之间的差距。

4. 抗风险能力增强，稳定粮食市场和种粮信心

粮食生产全程机械化要求大力提升烘干能力建设，2017年全省新增粮食烘干装备近1万台套，占全国新增量的1/4以上，总保有量达到2.5万台；就15个示范县而言，粮食总烘干能力提升至10.26万吨，其中产地烘干能力提升至8.83万吨，总烘干能力和产地烘干能力分别达到93.26%和80.27%。烘干能力的保障，有助于农民从容应对“三灾连发”的历史罕见持续阴雨灾情。在推进烘干能力建设的同时，建成成百上千个粮食烘干中心，从而拥有大规模粮食仓储能力。烘干和仓储能力的提升极大地增强了粮食生产自然灾害和市场风险的能力，有助于缓解农民卖粮难和丰收不增收的问题，可以稳定合作社等规模经营主体的种粮信心，抗击国际粮食市场的冲击，保障国家粮食安全。

5. 装备提档升级，带动农机科技制造水平提升

粮食生产全程机械化工程在进一步提升作业水平的同时也对农机装备进行提档升级改造，2017年15个示范县在役的80马力以上的大功率拖拉机、乘坐式高速插秧机、复式播种机、高效植保装备数量分别达到13 142台套、8 808台套、13 882台套、18 148台套；2017年全省新增水稻插秧机1.1万台，新增高效植保机2.1万台，全省在役高地隙自走式喷杆喷雾机和农用无人植保飞机达7 400多台和1 200多台。伴随着部分主体规模经营面积的扩大，对大型化、自动化、智能化和个性化（如量身定制施肥机械等）的农机装备需求也日益突出，从而带动我国农机科技研发水平和科技制造水平提升，刺激我国农机工业发展。

6. 高效作物品种更新，粮食生产一、二、三产业融合发展

得益于机械化作业抢季节、争农时的优异表现，随着稻麦生产全程机械化周年技术路线的推广实施，逐步形成了稻麦生育期整体后移的格局，产量更高、口感更好的高效稻麦品种种植面积得以逐年扩大，如南粳系列水稻种植面积扩大，保证并提升了江苏作为全国优质大米产区的地位，人们也可以从市场上获得更多更好的大米、麦粉，从而一定程度上改善人民生活质量。同时，机械化带动规模化和标准化生产，支撑了粮食品牌化发展，在打造“一村一品一店”和“一村一景、一村一韵”等模式魅力乡村创建氛围的影响下，粮食生产逐步向加工、消费等环节延伸，合作社由“埋头生产”向“抬头市场”转变，从田头走向会展、走向电视、走向互联网等。农村一、二、三产业融合发展，成为深化农业供给侧结构性改革、推动乡村产业振兴的重要抓手，在促进农业增效、农民增收、农村繁荣方面的作用日益显现。

（三）生态效益

1. 改土增肥，提升耕地质量

实施粮食生产全程机械化工程以来，15个示范县秸秆还田面积2017年达到1 004.27万亩，秸秆还田率达到88.45%，较2015年增加了20.52%。大马力拖拉机和高性能秸秆粉碎机的提档升级，大大提高了秸秆粉碎程度，有力保障了秸秆还田质量，实现了秸秆综合利用，有助于培肥地力，减少长期化肥施用量。犁耕深翻还田技术，可有效打破土壤犁底层，深翻板结土壤。研究表明，土壤深耕（深松/深翻）结合秸秆全量还田，可有效提升土壤呼吸率、降低土壤容重，增加土壤中微生物数量和提高酶活性，提高作物对水分的吸收率，提高土壤有机碳、全氮、有效磷和速效钾含量，从而有助于促进作物根系生长，并减轻来年病虫害发生率，从而确保粮食持续高产稳产优产。

2. 减药控害，防治面源污染

推广高地隙自走式喷杆喷雾机、无人植保机等新型高效植保机械，新增357.81万亩稻麦高效植保面积。应用新型喷雾技术，可大幅提高农药利用率，降低施药量，减轻农业面源污染。有学者通过实验研究N-3型无人直升机施药方式对稻飞虱和稻纵卷叶螟防治效果的影响，得出每公顷施用40%二嗪·辛硫磷乳油480克和384克防治稻纵卷叶螟，施药后杀虫效果均达90.90%，说明在本案例中达到同样的杀虫效果可以减少20%的农药施用量。并且无人机植保可将航空遥感技术结合地理信息系统，实现精准施药，通过控制了飘移量降低对周围环境和土地的污染。无人植保飞机的推广应用，不仅大幅提高了植保效率，降低了劳动强度，更减少了农民和农药的近距离接触，有力保障了农民身体健康。

3. 节能减排，打造蓝天沃土

大力推广普及复式作业技术，如麦秸秆还田集成水稻机插秧、稻秸秆犁耕旋翻还田集成小麦机条播技术、机插秧侧身施肥及小麦开沟、播种、盖子、增压、施肥一体化作业等，减少了作业工序，即减少了机械燃油尾气排放，又实现节能减排。此外，秸秆禁烧以及烘干中心清洁热源改造，极大地降低了煤烟灰尘对大气的污染，提升空气质量，改善了生产生活环境。

（执笔人：曹蕾）

第六章　江苏粮食生产全程机械化展望

一、实施乡村振兴战略对江苏粮食生产提出新要求

党的十九大作出实施乡村振兴战略的重大部署，明确提出“产业兴旺、生态宜居、乡风文明、治理有效、生活富裕”的总要求，坚持质量兴农、绿色兴农，以农业供给侧结构性改革为主线，构建现代农业生产经营体系，夯实农业生产能力，确保国家粮食安全，把中国人的饭碗牢牢端在自己手中，加快实现由农业大国向农业强国转变。党的十九大召开后，习近平总书记首次调研就选择江苏，并对江苏提出了高质量发展的明确要求。

近年来，江苏农业发展取得了历史性成就、实现了历史性变革，粮食生产能力稳步提升，农业科技进步贡献率稳居全国首位。同时，面对社会经济的快速发展和人增地减、资源紧缺、生态环境恶化、市场竞争激烈等一系列突出问题，要求农业生产技术必须做出相应的改革与发展，江苏粮食生产正面临着新的历史发展机遇和严峻挑战。未来随着生活水平的提高和粮食功能及用途的不断扩展，对粮食的需求将不断增加，由于长期以来农业生产中的高投入、高产出、复种指数高，江苏省农业资源与环境约束日趋加剧；农业劳动力不足，劳动力机会成本将不断升高，这些生产要素变化将成为诱导未来江苏粮食生产技术创新的重要内在动因。此外，农产品需求将从数量型向质量型转化，对产品质量和安全要求将越来越高，加快实现绿色转型发展已迫在眉睫。《江苏省关于加快推进农业绿色发展的实施意见》指出：“推进农业绿色发展，是贯彻落实中央生态文明、促进人与自然和谐发展决策部署的重要举措，也是推进江苏省实施乡村振兴战略、率先实现农业农村现代化的应有之义”。因此，我们要以实施乡村振兴战略为新时代“三农”工作的总抓手，牢固树立和践行绿水青山就是金山银山的理念，坚定走生产发展、生活富裕、生态良好的文明发展道路，着力提高农业供给质量、构建人与自然和谐共生的农业发展新格局，推

动形成绿色生产方式和生活方式，持续推进农业增效、农民增收、农村增绿，切实解决人民日益增长的美好生活需要和不平衡不充分发展矛盾，为促进江苏省乡村振兴，加快建设“强富美高”新江苏提供坚实支撑。

发展江苏粮食产业，实施乡村振兴，首要夯实农业生产能力基础，深入实施藏粮于地、藏粮于技战略，加快江苏省粮食生产功能区建设，大规模推进高标准农田及水利建设、稳步提升耕地质量；加快建设农业科技创新体系，提升自主创新能力，突破制约江苏省质量兴农、绿色兴农的核心关键技术；推进江苏省农机装备产业转型升级，发展高端农机装备制造，加强科研机构、设备制造企业联合攻关，进一步提高农业机械国产化装备水平；大力发展数字农业，实施智慧农业工程，推进物联网试验示范和遥感技术应用。

没有农业农村的现代化，就没有国家的现代化。农业机械化是现代农业的重要载体和标志！江苏是我国农业大省、农业强省，农业现代化多项指标多年位于全国前列，目前江苏农业机械化正由薄弱环节机械化向全程、全面机械化发展推进关键时期，实施乡村振兴战略，对农业机械化发展提出了新的挑战和迫切需求，江苏有能力、有条件承担起这个重担，在实施乡村振兴的新征程中，江苏应整理行装再出发，努力抢占农业科技创新制高点，着力突破农业科技创新关键点，为现代农业发展插上“科技的翅膀”！要集全省力量和智慧，凝心聚力，先行先试，创新发展，引领发展，牢记习近平总书记对江苏“力争在全国率先实现农业现代化”的殷切嘱托！

二、充分发挥江苏粮食生产资源优势

江苏温光水热资源充沛，素有“稻米之乡”美誉，是我国长江中下游单季粳稻优势区、南方最大的粳稻主产区，约占全国粳稻30%；也是中籼稻优势区，属于我国籼稻生产北缘地带，籼米品质全国最好。水稻作为江苏第一大作物和优势作物，实施江苏乡村振兴，稻米先行，大力实施江苏优质食味大米推广应用工程，打造江苏优质稻米品牌，形成江苏稻米核心竞争力，与东北大米争夺优质高端大米市场。江苏小麦常年播种3 000万亩左右，面积、单产、总产均居全国第3~4位，依据江苏省小麦品质潜力和温光水土资源，江苏优质中筋小麦在国内具有比较优势；优质弱筋小麦在全国占有绝对优势，是种植饼干、糕点专用小麦的理想区域，是全国最具优势的专用小麦生产区域。玉米是江苏主要粮食作物之一，江苏玉米常年种植面积和总产占全省生产比例在7.5%左右，玉米以饲用为主，支撑了江苏发达的养殖业，为保证全省城乡肉、禽、蛋、奶的供应起到了功不可没的作用。充分发挥江苏省玉米在农业结构调中的作用，在适宜种植优势区域，采取与我国玉米主产区的差异化竞争策略，重点发展饲用玉米，发挥玉米干籽粒用于加工饲料及青贮玉米生产的特点，推动建立饲料用粮生产基地；适当发展鲜食玉米，发挥其既可直接食用也可兼作菜用的特点，推动鲜食玉米生产，推进江苏省及长三角地区菜篮子工程。

江苏农业科技研发实力雄厚，产业技术体系完备，拥有一大批优质品种及综合配套技术，发展江苏粮食产业，必须坚持质量第一、效益优先、绿色发展，大力开发并推广优良品种，突出绿色高效、生态环保技术集成应用和标准化生产，建立优质粮食专业化、规模化生产基地，推进优质粮食产业“品种优质化、生产绿色化、产业高效化、产品品牌化”，大力提升江苏粮食质量、效益和竞争力。将江苏建设成中国南方优质粳稻中心、中国优质籼稻中心、中国南方优质弱筋小麦中心、长三角优质肉蛋奶中心，打响“苏粮”“苏米”品牌，打造新时代江苏“鱼米之乡”。

三、江苏粮食生产需突破的共性关键技术

实施乡村振兴战略，走质量兴农，绿色兴农质之路，正引领着江苏农业发生重大变革和调整，呈现绿色有机化、清洁生态化、智能无人化、农业工业化的发展趋势和特点，体现在以下几个方面：由依靠资源投入向依靠科技进步和提高劳动者素质转变；由追求产量向追求质量、追求效益转变；由化学农业向生态农业转变；由粗放、随意生产向精准、精量规范化、标准化生产转变；由农户凭经验种田向农情实时感知、专家决策、智慧管理、专家种田转变；由依赖专业机手、雇佣大量临时用工向依靠高效机械、自动驾驶、智能管理转变；由精耕细作、重复繁琐人工劳作向复式联合、轻简高效机械化作业转变；由薄弱环节机械化向全程、全面机械化发展转变；由农艺农机各自为战向相互融合、协同攻关转变。这一系列的发展变化，正是江苏农业向高质量发展的具体需求和发展内涵，江苏农业生产技术的研发要主动适应江苏农业生产发展面临的新机遇、新需求和新挑战，积极作为，强化基础性及关键共性技术研究，使产业发展所需的关键共性技术能够得以持续有效供给，为急需的绿色清洁、高

效智能农机装备的研发、制造和作业管控提供技术支撑，提高江苏农机装备的自主创新能力和核心竞争力。

（一）开展绿色清洁生产关键技术研究

推进农业绿色发展，走质量兴农、绿色兴农之路，是实施江苏乡村振兴战略的关键举措，是江苏构建中国南方优质粳稻中心、中国优质籼稻中心、中国南方优质弱筋小麦中心、长三角优质肉蛋奶中心的紧迫需求。面对绿色清洁生产技术的供给匮乏，急需加大科研投入力度和强度，重点攻克一批核心关键技术：秸秆全量还田无害化技术；针对江苏水旱轮作模式、气候特点的缓控释肥、生物肥、中微肥技术和化肥深施技术；面向江苏粮食作物病虫害特点的新型生物农药、精准对靶施药技术及绿色防治技术；种养加结合、循环利用、清洁生产技术；机械化除草技术，物理、生态控草技术；土壤修复、培肥、健康保育技术；农业装备清洁能源技术，动力机械节能减排技术；水资源节约保护与防污控污技术。这批核心关键技术的突破，将为江苏绿色发展、提升粮食品质、创建优质品牌提供强有力的技术支撑。

（二）开展作业机理与精准生产应用基础技术研究

主要研究气候环境-病虫草害-作物系统、土壤-机器-作物系统的互作规律和影响机理，探寻系统自适应调整、绿色节能、精准调控、降耗减排、生态循环优化匹配规律，创新适应水旱轮作、多熟制种植、秸秆全量还田、黏重稻茬田、深泥脚水田的精细耕整、精准播栽、绿色植保、低损收获、节能烘干机械装备新原理、新技术；研究土壤、作物生长信息感知与种、肥、水、药对作物生长的影响机理，开发作物生长信息采集传感技术和种、肥、水、药精准调控技术；研究农机作业状态参数动态监测、智能操控技术，针对动力机械及施肥、播种、植保、收获、烘干机械作业质量实时监测、智能操控需求，研制专用感知传感技术和操控智能技术。

（三）开展农机装备数字化设计与验证关键技术研究

主要研究农机装备数字化设计技术，突破关键部件及整机数字化建模、虚拟设计、动态仿真验证技术及关键零部件标准化、系列化、通用化技术，构建农机装备数字化设计、验证技术及平台；研究农机装备质量检测、田间作业检测方法与技术，攻克制造过程质量在线检测、产品性能检测与可靠性测试，以及田间作业工况下载荷谱采集、失效特征、作业性能检测等关键技术，为高性能、高可靠性零部件及整机设计、研发、测试提供先进技术和手段，助推农机装备的自主研发和性能提升。

（四）开展农机智能作业与管理关键技术研究

主要研究农机定位与导航技术，研发复杂工况下基于卫星导航系统、自组网络技术、机器视觉技术等定位及自动导航系统与装置；研究农机精准变量作业技术，攻克光机电液多源信息采集、融合控制技术，面向播种、施肥、灌溉、施药等作业环节，开发智能变量施用执行技术系统；研究农机智能管理技术，研发智能调控策略、作业流程检测、故障自动诊断、机群调度与远程运维技术与系统；研究农机作业决策与管理技术，基于作物生长信息感知、检测与控制技术，开发作业决策、作业质量管理系统。

（五）开展基础工艺、材料及核心零部件、关键作业装置研究

围绕高效、智能、环保农业动力机械及复式耕整、施肥播种、植保施药、联合收获作业机械，研究基础新工艺、新材料，攻克电控、液压等核心技术，研发低排放农用发动机、无级变速传动系统，以及作业机械的耐磨减阻入土部件、单粒精量播种、高速移栽、高性能植保喷嘴、低损脱粒清选收获部件、秸秆打捆打结器等关键部件和作业装置。

四、发展展望与对策

（一）继续实施更高水平粮食机械化推进工程

巩固提升现有全程机械化六大环节农业机械化作业质量，加强与育种、土肥、农艺等科研推广机构紧密协作，实现农机农艺深度融合，同向发力，为全程机械化发展提供技术支撑。加快推广水稻高速栽插及侧身施肥、高效植保、小麦精量播种等先进农机化技术示范与应用。扩大全程机械化作业环节，补齐全程机械化的空白链环，重点在种子预处理加工技术、育秧全过程机械化生产技术、精准深施肥技术、机械化中耕除草技术、机械化绿色防控技术与装备等方面加大引进示范力度；促进农业机械化技术与绿色生产技术、精确定量栽培

技术的融合配套，赋予农业机械化丰富的新内涵和可拓展的新外延，实现粮食生产的规范标准化、高效机械化、精确定量化、绿色品质化，推进实施更高水平粮食机械化工程。进一步深化农机农艺融合、机械化和信息化融合，紧跟智能制造和智能农机装备发展大趋势，着力加强研发先进适用、智能高效的农机装备；推进“互联网+农机作业”，加快推广应用农机作业监测、维修诊断、远程调度等信息化服务平台，实现数据信息互联共享，提高农机作业质量与效率。

（二）农机化技术推广和基础设施改造补贴

发展绿色机械化技术，继续推进秸秆机械化还田，深入实施农机深松整地作业，推进高效植保机械化技术应用，重点推广使用高地隙自走式喷杆植保机，探索农业航空施药技术。突出农机购置补贴政策绿色生态导向，支持引导绿色高效农机装备创新和推广应用，增加机插秧、烘干、精准施肥及高效施药等薄弱环节绿色机械化技术作业补贴。加强喷滴灌和化肥深施、播撒机械示范推广，提高肥水利用效率。落实大型自走式施药机械首台套应用补贴，提升企业创新研发积极性，引导企业积极探索，加大攻关力度，实现一批关键装备、关键技术的突破和水平赶超。加强高标准农田建设，完善农业基础设施，进一步明确“宜机化”改造的标准制修订，切实改善农机通行和作业条件，提高农机适应性。

（三）扶强粮食生产和社会化服务新型经营主体

培育壮大农机大户、农机专业户以及农机合作社、农机作业公司等新型农机服务组织，支持农机服务组织开展多种形式适度规模经营，引导新型农机服务主体多元融合发展，大力推进农业生产托管服务，通过奖补措施鼓励新型农业经营主体探索“全程机械化+综合农事服务中心”建设，不断提高农机服务主体服务水平。大力开展农机化技能培训，实施新型职业农民培育工程，加大对农机大户、农机合作社带头人等新型农业经营主体的农机化教育培训，以提高农机化主推技术应用能力为重点，健全培训体系，建立职业资格证书制度，打造有文化、懂技术、会操作、善经营的新型农民农机手和新型职业农民。深入开展农机合作社示范创建活动，对符合条件的农机合作社在项目安排、财政补贴、贷款融资等方面给予优先安排。

（四）完善农业机械化发展的配套政策

稳定资金支持继续推进实施农机政策性保险补贴，鼓励扩大和选择重点农机品种，支持开展农机保险。严格实施变型拖拉机报废制度，积极探索回收老旧农机的便民举措，加快淘汰老旧农机装备，加大农机报废更新补贴力度，促进新机具新技术推广应用。积极引导金融机构将信贷资源向农机制造企业倾斜，鼓励社会资本设立农机产业发展创新基金，在高端装备研发、信息化应用、精准、智能农机等方面提供支持。鼓励开展大型农机产品融资租赁，解决大型农机、加工设备购置更新资金不足问题。合理布局农作物育秧育苗以及农产品产地烘干和初加工等农机作业服务配套设施，优先保障农机合作社等新型农业经营主体设施用地。

（五）加大政策引导和扶持力度

江苏作为粮食生产大省，长期承担粮食调出，保障国家粮食安全的重任。一方面，由于人口总量增长、城镇人口比重上升、居民消费水平提高和工业及饲料用粮的增加，我国粮食消费需求持续增长，粮食供求矛盾在逐渐加剧；另一方面，目前我国粮食生产出现的成本“地板”上升、价格“天花板”下压、农业生态与资源“亮红灯”的难解境况，实际是我国在资源环境、生产潜力、经营方式、产业竞争力等方面的综合反映。江苏作为全国粮食生产优势产区，在经济转型发展中当担负更多的责任，积极推动粮食生产向土地集约化、经营规模化、绿色生态化、品质品牌化和生产机械化发展，提升粮食品质和有效供给能力，将对乡村振兴、保障国家粮食安全起到重要的保障作用。水旱轮作多熟制模式是独具中国特色的生产形式，国外尚没有先进范例和成套系统可借鉴。水旱轮作多熟制种植的生产条件差异、季节性制约、农艺复杂性对农机化技术、农机装备配套性等方面都有更高、更苛刻的要求，推进机械化发展需要长期深入的探索和大量实验，研发及推广过程要艰难、漫长得多，因此，各级政府在区域创新平台建设、科技计划引导、农机购置补贴、农机作业补贴等方面应加大对水旱轮作多熟制生产机械化的政策扶持力度，给予倾斜支持。同时，面对乡村振兴、绿色发展的新形势、新需求、新挑战，针对绿色清洁生产技术的供给匮乏，急需加大科研投入力度和强度，重点攻克一批核心关键技术，为江苏绿色发展、提升粮食品质、创建优质品牌提供强有力的技术支撑。

（六）加快农村土地流转及基础设施建设

规模化经营和专业化生产是推进全程机械化、信息化和社会化服务，实现生产高产高效的前提条件，也是解决农村劳动力结构性短缺、人工成本居高不下的重要手段。目前，耕地细碎化与机械化、分散经营与规模效益的矛盾十分突出，细碎化耕地的田坎、沟渠、道路等不仅占用大量土地而且限制了机械作业。农用机库棚建设滞后，缺乏配套，大部分农机具露天停放，日晒雨淋，保养不当、毁损严重，较大程度影响了机具的使用寿命和作业效率；排灌沟渠、设施年久失修，欠账较多。急需加强农田综合配套建设，改善江苏省粮食生产全程机械化的硬环境。按照“统一规划、合理布局、配套建设、农机为用”的原则，整合水土综合治理、农业综合开发等项目资金资源，因地制宜地对基本农田进行田、水、路、渠的科学统一规划。推进粮食生产机械化首先要加快土地流转和规范改造、修善基础设施，探索新的经营方式。政府应根据各地实际情况细化粮食生产区域布局，对农村零碎土地进行重新规划和调整，在稳定农村土地承包关系的基础上，引导土地有序流转，形成连片种植，发展多种形式适度规模经营。

（七）协同推进农机农艺深度融合

农机与农艺融合是现代农业发展的内在需求，也是实现粮食生产全程机械化的必由之路。没有农机与农艺的深度融合，就不可能解决当下机械化发展中存在的诸多现实问题。然而，农机农艺融合不足一直是困扰机械化发展又未能得到很好解决的一个难题。为有效破解这一难题，应建立以政府为主导、产学研推相互协调配合、促进农机农艺融合的协调推进机制。建议在主管部门设立机艺融合协调推进机构，负责协调解决粮食生产全程机械化发展中存在的农机农艺融合方面的突出问题；应重视相关科研项目内容设计上和实施过程中农机农艺的融合研究与试验示范，鼓励和支持农机与农艺科研团队深入合作协同创新。科技与财政部门应在科技计划和科研经费方面为粮食生产机械化农机农艺融合研究提供支持。

按照乡村振兴、质量兴农、绿色兴农的总要求，系统部署粮食农机农艺融合专项研究和专题试验，为提升江苏粮食品质，实现全省粮食绿色生产全程机械化，振兴江苏粮食产业、打造苏粮品牌提供技术支撑。应重点加强适宜机械化绿色精确定量栽培理论与农机农艺全生产过程配套技术体系研究、秸秆还田无害化高效利用理论与技术研究、绿色高效机械化病虫草害防控技术研究、绿色优质标准化生产技术体系研究，加快构建江苏粮食优质、高效和绿色可持续发展创新技术体系。

（八）以科技创新提升技术装备的有效供给

农机装备品类齐全、质量精良和作业精准是实现粮食高产高效生产的物质基础，但现阶段农机技术的研发能力、装备创制能力、产品有效供给能力的基础还十分薄弱，远不能满足当前农业生产方式向绿色、品质、效益发展转变引发的产业新需求，必须依靠科技支撑，有效增加技术装备的供给。

（1）完善以企业为主体、产学研相结合的技术创新体系，加快提升研发创新能力。应加大政府支持力度，在现有农机化创新平台上完善功能、改善条件、提升能力，充分发挥其粮食生产机械化核心技术和前瞻性装备技术成果对企业产品研发的支撑作用；在科技计划管理及实施中，强化粮食作物绿色优质高效生产目标，深入推进产学研结合，注重优势互补、协同创新和资源共享，研发内容上强调技术提升与装备拓展并重，探索集成创新的新路径。

（2）加大财政科技投入，强化关键技术装备的研发创新和技术储备。按照“增加品种、完善功能、扩展领域、提升水平”的思路，围绕粮食生产机械化技术发展方向和创新重点，集中优势力量在攻克基础性、关键共性技术和进行重大装备创制上下工夫，优先解决清洁绿色机械化生产关键环节、薄弱环节所需。

（3）发挥优势企业引领带动作用，促进农机装备技术成果的产业化。重点扶持技术质量优势明显的大中型整机生产企业和专精特色突出的零部件制造企业，加大技术改造投入，推进先进设计与制造技术的运用，提高研发和制造水平。

（九）大力开展农机化技术培训

我国工业化、城镇化的推进，带来了农村劳动力结构和农民劳动观念的深刻变化，农民对农机作业的需求越来越迫切，农业生产对农机应用的依赖日益加剧。“谁来种地”“怎么种地”关乎我国农业现代化发展全局，而这一问题的解决首先是要培养和造就一大批高素质农业生产者。目前，我国农业从业队伍普遍技能水平低、高层次实用人才极其短缺，远不能适应新型农业经营主体发展壮大、农机拥有量和高端装备增加，以及适度规模经营发展的新需求。近年来，各地区农机社会化服务普遍由大范围跨区作业向周边规模化、合作型服务转变，由传统的耕种收服务向规模烘干、集中育秧、统防统治拓展，由遍布村镇的小门店服务向农机 4S 店、农机电商、远程维修等新型服务方式跨越，而粮食机械化生产的农机装备在保有量持续增加的同时，大型化、智能化和节约环保技术不断提升，这对农机从业人员的要求不再是较低水平的简单操作者，而是应具有良好的知识基础、掌握农机装备使用与维护技术、会管理善经营的新型职业农民。因此，应将大力开展农机化技能培训，提高基层农机从业人员职业化水平作为一项重要任务纳入各级政府的农业工作重点，抓实做好。农业主管部门应继续推进农机化教育培训行动计划，健全培训体系，建立职业资格证书制度，全面推进农机从业人员职业化培训。

（十）加快推进农机信息化公共服务体系建设

当今社会以数字化、网络化、智能化为特征的信息变革无处不在，深刻影响和改变着人们的工作生活方式。以智能农机装备和信息化技术为支撑，加快农机信息化服务体系建设和运行，是促进粮食生产机械化发展的重要手段。应加强组织领导和政策扶持，推进互联网、云计算、大数据、物联网等信息化技术与农机化的深度融合，上下协同建立起农机化信息资源共享、有序推进、互联互通的工作机制；以农机信息化服务平台建设为重点，改善农机信息化基础设施条件，提升农机信息化技术应用能力，逐步构建起完善的农机信息化服务体系，推动农机管理调度数字化、机械作业精准化、经营服务网络化，依靠信息化引领推动农机化的发展；通过提供农机作业远程实时监控、调度、维修及供应服务，提高农机装备作业效率和质量；提供优质种、肥、药、机等生产资料供给及粮食加工、储运、流通服务、农业金融及农用燃油服务，发展精细化生产和营销；鼓励和支持农机社会化服务、农业生产经营电子商务体系建设，促进农业经营与服务组织的高效化、集约化运营，提高经营能力和效益水平，实现从“靠天吃饭”到“知天而作”。

（执笔人：张文毅　祁兵　纪要　夏晓东　夏倩倩　扈凯）

参考文献

[1] 江苏省农业机械化志编纂委员会．江苏省志丛书农林 1978—2008（农业机械化）[M]．南京：江苏省人民出版社，2013.

[2] 国家统计局农村社会经济调查司．中国农村统计年鉴（1979—2019）[M]．北京：中国统计出版社，1979—2019.

[3] 农业农村部农业机械化管理司．全国农业机械化统计年报（2008—2018）[R/内部资料].

[4] 高焕文．高等农业机械化管理学 [M]．北京：中国农业大学出版社，1998.

[5] 吴勇，王建军，苏明慧，等．国外农机化发展历程及拖拉机发展现状 [J]．农业机械，2016，(6)：53-57.

[6] 江苏省农垦集团总公司．农业机械统计报表，2002 [R/内部资料].

[7] Sahu R K，Raheman H. A decision support system on matching and field performance prediction of tractor-implement system [J]. Computers and Electronics in Agriculture，2008，60 (1)：76-86.

[8] Mahmoud Ahmed. Mechanization of kenaf production at Abu Naama Schemein Sudan [J]. Agricultural Mechanization in Asia，Africa and Latin America，1989，20 (3)：61-67.

[9] Gao H W，Hunt D R. Optimum combine fleet selection with power-based models [J]. Transactions of the Asabe，1985，28 (2)：364-368.

[10] Hetz H E. Farm machinery needs according to cultivated area [J]. Tillage Intensity and Crop Rotation，1986，14 (2)：67-77.

[11] Hunt D. Farm power and machinery management [M]. Ames：Iowa State University Press，1983.

[12] Singh G，Pathak B K. A decision support system for mechanical harvesting and transportation of sugarcane in Thailand [J]. Computers &

Electronics in Agriculture, 1994, 11 (2-3): 173-182.
[13] 郭风祥，温英莲，孙福辉．内蒙古东部垄作地区农业机器系统配备方案的探讨 [J]. 内蒙古农牧学院学报，1993，14 (4): 20-30.
[14] Alfredo de Toro. Influences on timeliness costs and their variability on arable farms [J]. Biosystems Engineering, 2005, 92 (1): 1-13.
[15] Haffar I, Khoury R. A computer model for field machinery selection under multiple cropping [J]. Computers & Electronics in Agriculture, 1992, 7 (3): 219-229.
[16] Rotz C A, Muhtar H A, Black J R. A multiple crop machinery selection algorithm [J]. Transactions of the Asae, 1983, 26 (6): 1644-1649.
[17] Chen L H. Microcomputer model for budgeting and scheduling crop production operations [J]. Transactions of the Asae, 1986, 29 (4): 908-911.
[18] Butani K M, Singh G. Decision support system for the selection of agricultural machinery with a case study in India [J]. Computers & Electronics in Agriculture, 1994, 10 (2): 91-104.
[19] Shaukat Khan, Muhammad S. Chaudhry, Sharafeddin M. Sherif, et al. A computer program for agricultural machinerymanagement-selection of a particular tractor size [J]. Agricultural Mechanization in Asia, Africa and Latin America, 1984, 15 (3): 11-13.
[20] 韩正晟．农业机械选型系统的研究 [J]. 甘肃农业大学学报，1993，28 (1): 72-77.
[21] Mehta C R, Singh K, Selvan M M. A decision support system for selection of tractorâ implement system used on Indian farms [J]. Journal of Terramechanics, 2011, 48 (1): 65-73.
[22] 石玉梅，陈永成，马本学．农机具配备方法对比及注意的问题 [J]. 新疆农机化，2006 (2): 55-57.
[23] 陈丽能，马广．拖拉机田间作业机组的生产率及其影响因素的研究 [J]. 农业机械学报，2001，32 (2): 100-102.
[24] 乔西铭．基于价值工程下农业机械选型与配套方案的优化 [J]. 华南热带农业大学学报，2007，13 (4): 78-80.

[25] Kline D E, Bender D A, McCarl B A, et al. Machinery selection using expert systems and linear programming [J]. Computers and Electronics in Agriculture, 1988 (3): 45-61.
[26] Witney B. Choosing and using farm machines [M]. Choosing & Using Farm Machines, 1988.
[27] 周应朝，高焕文．农业机器优化配备的新方法——非线性规划综合配备法 [J]. 农业机械学报，1988 (1): 43-50.
[28] Alam M, Hossain M M, Awal M A, et al. Selection of farm power by using a computer programme [J]. Agricultural mechanization in Asia, Africa and Latin America, 2001, 32 (1): 65-68.
[29] Søgaard H T, Sørensen C G. A Model for Optimal Selection of Machinery Sizes within the Farm Machinery System [J]. Biosystems Engineering, 2004, 89 (1): 13-28.
[30] 王伟．基于 Matlab 的农业机器的优化配备 [J]. 安徽农机，2010 (1): 9-14.
[31] Reid D W, Bradford G L. A farm firm model of machinery investment decisions [J]. American Journal of Agricultural Economics, 1987, 69 (1): 64.
[32] 国务院．关于加快推进农业机械化和农机装备产业转型升级的指导意见（国发〔2018〕42 号） [EB/OL]. http: //www. gov. cn/xinwen/2018-12/29/content_ 5353337. htm, 2018-12-29.
[33] 吴崇友，等．稻油（麦）轮作机械化技术 [M]. 北京：中国农业出版社，2013.
[34] 郑微微，沈贵银．江苏省农业绿色发展现状、问题及对策研究 [J]. 江苏农业科学，2018, 46 (7): 1-5.
[35] 骆琳．两熟制粮食作物生产机械化技术 [M]. 镇江：江苏大学出版社，2017.
[36] 何超波．水稻生产全程机械化技术 [M]. 合肥：安徽科学技术出版社，2017.
[37] 金亦富，奚小波，张瑞宏，等．2B-4A 型自走式育秧机设计与试验 [J]. 中国农机化学报，2015, 36 (6): 15-18.
[38] 太仓市项氏农机公司．智能旋耕施肥播种机 [P]. 中国：

201310178521.1，2013.09.25.
[39] 农业部南京农业机械化研究所．稻麦（油）轮作田机械化保护性耕作技术模式研究与示范项目验收报告 [R]. 2013.
[40] 叶贞琴．粮食高产高效技术模式 [M]. 北京：中国农业出版社，2013.
[41] 张东兴，等．玉米全程生产机械化生产技术与装备 [M]. 北京：中国农业大学出版社，2014.
[42] 吴小伟，钟志堂．江苏玉米全程机械化技术装备及技术要点 [J]. 农机科技推广，2016（10）：51-53.
[43] 李斯华．农机跨区作业发展的三个十年 [N]. 中国农机化导报，2007-3-5（8）.
[44] 舒坤良．农机服务组织形成与发展问题研究 [D]. 吉林：吉林大学，2009.

附件1　稻麦周年生产全程机械化机具配置方案

<table>
<tr><td>作业环节→</td><td colspan="4">水稻育秧</td><td colspan="4">麦茬稻田耕整含秸秆还田</td><td colspan="4">插秧</td><td colspan="4">稻田植保、追肥</td><td colspan="4">水稻收获</td><td colspan="4">稻谷烘干</td></tr>
<tr><td>种植规模↓</td><td>机具设施名称</td><td>技术参数</td><td>数量</td><td>备注</td><td>机具装备名称</td><td>技术参数</td><td>数量</td><td>备注</td><td>机具装备名称</td><td>技术参数</td><td>数量</td><td>备注</td><td>机具装备名称</td><td>技术参数</td><td>数量</td><td>备注</td><td>机具装备名称</td><td>技术参数</td><td>数量</td><td>备注</td><td>机具设施名称</td><td>技术参数</td><td>数量</td><td>备注</td></tr>
<tr><td rowspan="5">300亩</td><td>育秧播种流水线</td><td>配套动力：90瓦/220伏；
作业效率：500~800盘/时；播种量：100~230克/盘</td><td>1套</td><td>必备</td><td>拖拉机（≥80马力）</td><td></td><td>1台</td><td>必备</td><td rowspan="5">乘坐式插秧机（插秧施肥一体机）</td><td rowspan="5">行数：≥6行；
行距：30厘米；
株距：12~17厘米；
栽插深度：2~5厘米（可调节）</td><td rowspan="5">1台</td><td rowspan="5">必备</td><td>担架或推车式或履带自走式远射程动力喷雾机</td><td>配套动力：3.5千瓦以上；射程：10米以上</td><td>各1台</td><td rowspan="4">任选</td><td rowspan="5">联合收割机配装秸秆切碎匀抛装置</td><td rowspan="5">结构形式：履带自走全喂入/半喂入式；
割台幅宽≥1.45米；发动机功率35.3~66千瓦</td><td rowspan="5">1台</td><td rowspan="5">必备</td><td>10~15吨烘干机</td><td>烘干方式：低温批量循环；
降水速率：0.5~1.0%/时</td><td>1台</td><td>选配</td></tr>
<tr><td rowspan="3">微喷灌育秧设备</td><td rowspan="3"></td><td rowspan="3">1套</td><td rowspan="3">选用</td><td>秸秆粉碎机</td><td>作业幅宽：1.8~2.8米；
刀数：50~80把；
刀辊转速：1 800~2 300转/分</td><td rowspan="4">1台</td><td rowspan="4">任选</td><td rowspan="3">高地隙喷杆植保施肥机</td><td rowspan="3">离地间隙：≥850厘米；喷幅：≥10米；喷雾压力：0.3~0.5兆帕；轮距：1.5米或1.8米</td><td rowspan="3">1台</td><td rowspan="3">粗选筛、
斗式提升机、
刮板输送机、
带式输送机、
铲运机等配套机具</td><td rowspan="3"></td><td rowspan="3">1套</td><td rowspan="3">选配</td></tr>
<tr><td>旋耕灭茬机</td><td>作业幅宽：1.8~2.5米；
刀数：50~80把；
刀片型号：IT245
刀辊转速：150~210转/分</td></tr>
<tr><td>水田耙（水田起浆平地机）</td><td>作业幅宽：2~3.5米；
刀数：70~110把；
刀片型号：T22
刀辊转速：180~230转/分</td></tr>
<tr><td>秧池或场地</td><td></td><td>≥3亩</td><td>必备</td><td>水田埋茬耕整机</td><td>作业幅宽：1.8~2.3米；
刀数：50~80把；
刀辊转速：180~230转/分</td><td>无人植保飞机</td><td>药箱容量：10升；
续航：25分；
工效：1.33亩/分</td><td>1套</td><td>选备</td><td>周转粮库</td><td>库容≥30米^3</td><td>1间</td><td>选备</td></tr>
</table>

（续表）

<table>
<tr><th>作业环节→</th><th colspan="4">水稻育秧</th><th colspan="4">麦茬稻田耕整含秸秆还田</th><th colspan="4">插秧</th><th colspan="4">稻田植保、追肥</th><th colspan="4">水稻收获</th><th colspan="4">稻谷烘干</th></tr>
<tr><th>种植规模↓</th><th>机具设施名称</th><th>技术参数</th><th>数量</th><th>备注</th><th>机具装备名称</th><th>技术参数</th><th>数量</th><th>备注</th><th>机具装备名称</th><th>技术参数</th><th>数量</th><th>备注</th><th>机具装备名称</th><th>技术参数</th><th>数量</th><th>备注</th><th>机具装备名称</th><th>技术参数</th><th>数量</th><th>备注</th><th>机具设施名称</th><th>技术参数</th><th>数量</th><th>备注</th></tr>
<tr><td rowspan="5">1 000亩</td><td>育秧播种流水线</td><td>配套动力：90瓦/220伏；作业效率：500~800盘/小时；播种量：100~230克/盘</td><td>1套</td><td>必备</td><td>拖拉机（≥80马力）</td><td></td><td>2台</td><td>必备</td><td rowspan="5">乘坐式插秧机（插秧施肥一体机）</td><td rowspan="5">行数：≥6行；行距：30厘米；株距：12~17厘米；栽插深度：2~5厘米（可调节）</td><td rowspan="5">2台</td><td rowspan="5">必备</td><td>担架或推车式或履带自走式远射程动力喷雾机</td><td>配套动力：3.5千瓦以上；射程：10米以上</td><td>各2台</td><td rowspan="4">任选</td><td rowspan="5">联合收割机配装秸秆切碎匀抛装置</td><td rowspan="5">结构形式：履带自走全喂入/半喂入式；割台幅宽≥1.45米；发动机功率35.3~66千瓦</td><td rowspan="5">2台</td><td rowspan="5">必备</td><td>10~15吨烘干机</td><td>烘干方式：低温批量循环；降水速率：0.5~1.0%/时</td><td>2~3台</td><td>必备</td></tr>
<tr><td rowspan="3">微喷灌育秧设备</td><td rowspan="3"></td><td rowspan="3">1套</td><td rowspan="3">选用</td><td>秸秆粉碎机</td><td>作业幅宽：1.8~2.8米；刀数：50~80把；刀辊转速：1 800~2 300转/分</td><td rowspan="4">各2台</td><td rowspan="4">任选</td><td rowspan="3">高地隙喷杆植保施肥机</td><td rowspan="3">离地间隙：≥850厘米；喷幅：≥10米；喷雾压力：0.3~0.5兆帕；轮距：1.5米或1.8米</td><td rowspan="3">1台</td><td rowspan="3">粗选筛、斗式提升机、刮板输送机、带式输送机、铲运机等配套机具</td><td rowspan="3"></td><td rowspan="3">1套</td><td rowspan="3">必备</td></tr>
<tr><td>旋耕灭茬机</td><td>作业幅宽：1.8~2.5米；刀数：50~80把；刀片型号：IT245
刀辊转速：150~210转/分</td></tr>
<tr><td>水田耙（水田起浆平地机）</td><td>作业幅宽：2~3.5米；刀数：70~110把；刀片型号：T22
刀辊转速：180~230转/分</td></tr>
<tr><td>秧池或场地</td><td></td><td>≥10亩</td><td>必备</td><td>水田埋茬耕整机</td><td>作业幅宽：1.8~2.3米；刀数：50~80把；刀辊转速：1 800~2 300转/分</td><td>无人植保飞机</td><td>药箱容量：10升；续航：25分钟；工效：1.33亩/分</td><td>1套</td><td>选备</td><td>周转粮库</td><td>库容≥100米^3</td><td>1间</td><td>必备</td></tr>
</table>

（续表）

作业环节→ 种植规模↓	水稻育秧 机具设施名称	技术参数	数量	备注
2 000亩	育秧播种流水线	配套动力：90瓦/220伏；作业效率：500~800盘/小时；播种量：100~230克/盘	2套	必备
	微喷灌育秧设备		1套	选用
	秧池或场地		≥20亩	必备

作业环节→ 种植规模↓	麦茬稻田耕整含秸秆还田 机具装备名称	技术参数	数量	备注
2 000亩	拖拉机（≥80马力）		4台	必备
	秸秆粉碎机	作业幅宽：1.8~2.8米；刀数：50~80把；刀辊转速：1 800~2 300转/分	各4台	任选
	旋耕灭茬机	作业幅宽：1.8~2.5米；刀数：50~80把；刀片型号：IT245 刀辊转速：150~210转/分		
	水田耙（水田起浆平地机）	作业幅宽：2~3.5米；刀数：70~110把；刀片型号：T22 刀辊转速：180~230转/分		
	水田埋茬耕整机	作业幅宽：1.8~2.3米；刀数：50~80把；刀辊转速：180~230转/分		

作业环节→ 种植规模↓	插秧 机具装备名称	技术参数	数量	备注
2 000亩	乘坐式插秧机（插秧施肥一体机）	行数：≥6行；行距：30厘米；株距：12~17厘米；栽插深度：2~5厘米（可调节）	4~5台	必备

作业环节→ 种植规模↓	稻田植保、追肥 机具装备名称	技术参数	数量	备注
2 000亩	担架或推车式或履带自走式远射程动力喷雾机	配套动力：3.5千瓦以上；射程：10米以上	各4~5台	任选
	高地隙喷杆植保施肥机	离地间隙：≥850厘米；喷幅：≥10米；喷雾压力：0.3~0.5兆帕；轮距：1.5米或1.8米	2~3台	选备
	无人植保飞机	药箱容量：10升；续航：25分钟；工效：1.33亩/分	2套	

作业环节→ 种植规模↓	水稻收获 机具装备名称	技术参数	数量	备注
2 000亩	联合收割机配装秸秆切碎匀抛装置	结构形式：履带自走全喂人/半喂入式；割台幅宽≥1.45米；发动机功率35.3~66千瓦	3台	必备

作业环节→ 种植规模↓	稻谷烘干 机具设施名称	技术参数	数量	备注
2 000亩	10~15吨烘干机	烘干方式：低温批量循环；降水速率：0.5~1.0%/时	4~6台	必备
	粗选筛、斗式提升机、刮板输送机、带式输送机、铲运机等配套机具		1套	必备
	周转粮库	库容≥300米^3	1间	必备

（续表）

作业环节→ 种植规模↓	稻茬麦田耕整含秸秆还田				冬麦播种				镇压、开沟				冬麦植保追肥	冬麦收获	麦粒烘干	备注
	机具装备名称	技术参数	数量	备注	机具装备名称	技术参数	数量	备注	机具装备名称	技术参数	数量	备注				
300 亩	拖拉机（≥80 马力）		1 台	稻麦共用	旋耕埋茬施肥播种机	播种行数：10~14；施肥行数：8~10；播种量：5~30 千克/亩；施肥量：6~66 千克/亩；刀片型号：IT245	1 台	任选	手扶式镇压器		1 台	必备	与稻作共用机具	与稻作共用机具	与稻作共用机具设施	机具配置可参考本方案根据实际需求选择
	反旋灭茬机	作业幅宽：1.8~2.3 米；刀数：40~62 把；刀片型号：IT245	1 台	任选	旋耕施肥播种镇压开沟复式机	播种行数：10~14；施肥行数：8~10；播种量：5~30 千克/亩；施肥量：6~66 千克/亩；刀片型号：IT195			手扶式开沟机	连接方式：前置式；开沟深度：10~25 厘米；开沟宽度：13~18 厘米	1 台	任选				
	犁翻旋耕一体机	耕宽：1.2~1.5 米；耕深：20~25 厘米；地表平整度：3~5 厘米			背负式喷肥机（抗逆撒播）	单机重：3 千克左右；容量：20 升左右；施肥量：7~9 千克/分	1 台	可选	大中拖开沟机	连接方式：后置式；开沟深度：20~35 厘米；开沟宽度：18~20 厘米						
	1 升系列铧式犁	犁铧数：3~5 张；耕宽：20~35 厘米；耕深：>18 厘米														
1 000 亩	拖拉机（≥80 马力）		2 台	稻麦共用	旋耕埋茬施肥播种机	播种行数：10~14；施肥行数：8~10；播种量：5~30 千克/亩；施肥量：6~66 千克/亩；刀片型号：IT245	2 台	任选	手扶式镇压器		2 台	必备				
	反旋灭茬机	作业幅宽：1.8~2.3 米；刀数：40~62 把；刀片型号：IT245	2 台	任选	旋耕施肥播种镇压开沟复式机	播种行数：10~14；施肥行数：8~10；播种量：5~30 千克/亩；施肥量：6~66 千克/亩；刀片型号：IT195			手扶式开沟机	连接方式：前置式；开沟深度：10~25 厘米；开沟宽度：13~18 厘米	2 台	任选				
	犁翻旋耕一体机	耕宽：1.2~1.5 米；耕深：20~25 厘米；地表平整度：3~5 厘米			背负式喷肥机（抗逆撒播）	单机重：3 千克左右；容量：20 升左右；施肥量：7~9 千克/分	2 台	可选	大中拖开沟机	连接方式：后置式；开沟深度：20~35 厘米；开沟宽度：18~20 厘米						
	1 升系列铧式犁	犁铧数：3~5 张；耕宽：20~35 厘米；耕深：>18 厘米														

（续表）

作业环节→	稻茬麦田耕整含秸秆还田				冬麦播种				镇压、开沟				冬麦植保追肥	冬麦收获	麦粒烘干	备注
种植规模↓	机具装备名称	技术参数	数量	备注	机具装备名称	技术参数	数量	备注	机具装备名称	技术参数	数量	备注				
2 000亩	拖拉机（≥80马力）		4台	稻麦共用	旋耕施肥播种机	播种行数：10~14； 施肥行数：8~10； 播种量：5~30千克/亩； 施肥量：6~66千克/亩； 刀片型号：IS245	4台	任选	手扶式镇压器		4台	必备	与稻作共用机具	与稻作共用机具	与稻作共用机具设施	机具配置可参考本方案根据实际需求选择
	反旋灭茬机	作业幅宽：1.8~2.3米； 刀数：40~62把； 刀片型号：IT245	4台	任选	旋耕施肥播种镇压开沟复式机	播种行数：10~14； 施肥行数：8~10； 播种量：5~30千克/亩； 施肥量：6~66千克/亩； 刀片型号：IT195			手扶式开沟机	连接方式：前置式； 开沟深度：10~25厘米； 开沟宽度：13~18厘米	4台	任选				
	犁翻旋耕一体机	耕宽：1.2~1.5米； 耕深：20~25厘米； 地表平整度：3~5厘米			背负式喷肥机（抗逆撒播）	单机重：3千克左右； 容量：20升左右； 施肥量：7~9千克/分	6台	可选	大中拖开沟机	连接方式：后置式； 开沟深度：20~35厘米； 开沟宽度：18~20厘米						
	1升系列铧式犁	犁铧数：3~5张； 耕宽：20~35厘米； 耕深：>18厘米														

附件 2　玉米冬麦周年生产全程机械化机具配置方案

<table>
<tr><td>作业环节→</td><td colspan="4">耕整地含秸秆还田</td><td colspan="4">施肥播种</td><td colspan="4">植保、追肥</td><td colspan="4">收获</td><td colspan="4">烘干</td><td rowspan="2">备注</td></tr>
<tr><td>种植规模↓</td><td>机具装备名称</td><td>技术参数</td><td>数量</td><td>备注</td><td>机具装备名称</td><td>技术参数</td><td>数量</td><td>备注</td><td>机具装备名称</td><td>技术参数</td><td>数量</td><td>备注</td><td>机具装备名称</td><td>技术参数</td><td>数量</td><td>备注</td><td>机具装备名称</td><td>技术参数</td><td>数量</td><td>备注</td></tr>
<tr><td rowspan="3">300亩</td><td>拖拉机（≥90马力）</td><td>发动机额定功率：≥90马力；牵引力≥31千牛；液压系统：开心式；液压输出阀组数：2</td><td>11台</td><td>必备</td><td>小麦施肥播种机</td><td>播种行数：10~14；施肥行数：8~10；播种量：5~30千克/亩；施肥量：6~66千克/亩；刀片型号：IT195</td><td>1台</td><td>必备</td><td rowspan="2">高地隙喷杆植保施肥机</td><td rowspan="2">离地间隙≥850厘米喷幅：≥10米；喷雾压力0.3~0.5兆帕；轮距：1.5米或1.8米</td><td rowspan="2">1台</td><td rowspan="2">必备</td><td>稻麦联合收割机</td><td>结构形式：履带自走全喂入式；割台幅宽≥1.45米；发动机功率35.3~66千瓦</td><td>1台</td><td>必备</td><td>10~15吨烘干机</td><td>烘干方式：低温批量循环；降水速率：0.5~1.0%/时</td><td>1台</td><td>选配</td><td rowspan="6">机具配置可参考本方案根据实际需求选择</td></tr>
<tr><td>秸秆粉碎还田机</td><td>作业幅宽：1.8~2.8米；刀数：50~80把；刀辊转速：1 800~2 300转/分</td><td>11台</td><td rowspan="2">任选</td><td rowspan="2">玉米免耕施肥播种机</td><td rowspan="2">基本行距600毫米（可调）播种深度20~50毫米可调施肥深度：种子侧下方70毫米以上；作业速度：6~8千米/时</td><td rowspan="2">1台</td><td rowspan="2">必备</td><td rowspan="2">玉米收获机</td><td rowspan="2">生产率0.33~0.53公顷/时总损失率≤4%籽粒破碎率≤1%果穗含杂率≤1.5%割茬高度≤100毫米</td><td rowspan="2">1台</td><td rowspan="2">必备</td><td>粗选筛、斗式提升机、刮板输送机、带式输送机、铲运机等配套机具</td><td></td><td>1套</td><td>选配</td></tr>
<tr><td>旋耕机</td><td>作业幅宽：1.8~2.3米；刀数：40~62把；刀片型号：IT245</td><td>台1台</td><td>无人植保飞机</td><td>药箱容量：10升；续航：25分；工效：1.33亩/分</td><td>1套</td><td>选配</td><td>周转粮库</td><td>库容≥30米^3</td><td>1间</td><td>选备</td></tr>
<tr><td rowspan="3">1 000亩</td><td>拖拉机（≥90马力）</td><td>发动机额定功率：≥90马力；牵引力≥31千牛；液压系统：开心式；液压输出阀组数：2</td><td>12台</td><td>必备</td><td>小麦施肥播种机</td><td>播种行数：10~14；施肥行数：8~10；播种量：5~30千克/亩；施肥量：6~66千克/亩；刀片型号：IT195</td><td>2台</td><td>必备</td><td rowspan="2">高地隙喷杆植保施肥机</td><td rowspan="2">离地间隙≥850厘米喷幅：≥10米；喷雾压力0.3~0.5兆帕；轮距：1.5米或1.8米</td><td rowspan="2">1台</td><td rowspan="2">必备</td><td>稻麦联合收割机</td><td>结构形式：履带自走全喂入式；割台幅宽≥1.45米；发动机功率35.3~66千瓦</td><td>2台</td><td>必备</td><td>10~30吨烘干机</td><td>烘干方式：低温批量循环；降水速率：0.5%~1.0%/时</td><td>1~3台</td><td>必备</td></tr>
<tr><td>秸秆粉碎还田机</td><td>作业幅宽：1.8~2.8米；刀数：50~80把；刀辊转速：1800~2300转/分</td><td>12台</td><td rowspan="2">任选</td><td rowspan="2">玉米免耕施肥播种机</td><td rowspan="2">基本行距600毫米（可调）播种深度20~50毫米可调施肥深度：种子侧下方70毫米以上；作业速度：6~8千米/时</td><td rowspan="2">3台</td><td rowspan="2">必备</td><td rowspan="2">玉米收获机</td><td rowspan="2">生产率0.33~0.53公顷/时总损失率≤4%籽粒破碎率≤1%果穗含杂率≤1.5%割茬高度≤100毫米</td><td rowspan="2">2台</td><td rowspan="2">必备</td><td>粗选筛、斗式提升机、刮板输送机、带式输送机、铲运机等配套机具</td><td></td><td>1套</td><td>必备</td></tr>
<tr><td>旋耕机</td><td>作业幅宽：1.8~2.3米；刀数：40~62把；刀片型号：IT245</td><td>2台</td><td>无人植保飞机</td><td>药箱容量：10升；续航：25分钟；工效：1.33亩/分</td><td>1套</td><td>选配</td><td>周转粮库</td><td>库容≥100米^3</td><td>1间</td><td>必备</td></tr>
</table>

（续表）

作业环节→	耕整地含秸秆还田				施肥播种				植保、追肥				收获				烘干				备注
种植规模↓	机具装备名称	技术参数	数量	备注	机具装备名称	技术参数	数量	备注	机具装备名称	技术参数	数量	备注	机具装备名称	技术参数	数量	备注	机具装备名称	技术参数	数量	备注	
2 000亩	拖拉机（≥90马力）	发动机额定功率：≥90马力；牵引力≥31千牛；液压系统：开心式；液压输出阀组数：2	14台	必备	小麦施肥播种机	播种行数：10~14；施肥行数：8~10；播种量：5~30千克/亩；施肥量：6~66千克/亩；刀片型号：IT195	4台	必备	高地隙喷杆植保施肥机	离地间隙≥850厘米喷幅：≥10米；喷雾压力0.3~0.5兆帕；轮距：1.5米或1.8米	2台	必备	稻麦联合收割机	结构形式：履带自走全喂入式；割台幅宽≥1.45米；发动机功率35.3~66千瓦	4台	必备	10~30吨烘干机	烘干方式：低温批量循环；降水速率：0.5%~1.0%/时	2~6台	必备	机具配置可参考本方案根据实际需求选择
	秸秆粉碎还田机	作业幅宽：1.8~2.8米；刀数：50~80把；刀辊转速：1800~2300转/分	14台	任选	玉米免耕施肥播种机	基本行距600毫米（可调）播种深度20~50毫米可调施肥深度：种子侧下方70毫米以上；作业速度：6~8千米/时	5台	必备	无人植保飞机	药箱容量：10升；续航：25分钟；工效：1.33亩/分	2套	选配	玉米收获机	生产率0.33~0.53公顷/时总损失率≤4%籽粒破碎率≤1%果穗含杂率≤1.5%割茬高度≤100毫米	4台	必备	粗选筛、斗式提升机、刮板输送机、带式输送机、铲运机等配套机具		1套	必备	
	旋耕机	作业幅宽：1.8~2.3米；刀数：40~62把；刀片型号：IT245	4台														周转粮库	库容≥300米^3	1间	必备